湖北省"资源勘查工程"品牌专业建设
湖北省"矿产普查与勘探"重点学科建设　基金资助
湖北省"矿产普查与勘探"创新学科建设

中下扬子地区海相烃源岩评价及成藏条件

ZHONGXIAYANGZI DIQU HJAIXIANG TINGYUANYAN PINGJIA JI CHENGCANG TIAOJIAN

林小云　编著

中国地质大学出版社

内 容 摘 要

本书在全面总结了二次生烃特征和生烃机理的基础上，将其应用到中下扬子地区，对其海相高演化烃源岩生烃潜力进行评价。以二次生烃机理为理论指导，应用板块构造理论、野外地质观察、油气（藏）地球化学和各种分析测试手段、高演化烃源岩评价、成烃演化研究和烃源类型分析等技术方法，分析了中下扬子地区的构造演化特征以及对油气成藏条件的影响；论述了海相烃源岩的分布和生烃潜力；研究了中—古生界的烃源类型，探讨了成藏模式，总结了油气藏形成的条件和主控因素。

本书可供油气地质研究工作者参考，也可供大专院校师生参阅。

图书在版编目(CIP)数据

中下扬子地区海相烃源岩评价及成藏条件/林小云编著. —武汉：中国地质大学出版社，2007.9

ISBN 978-7-5625-2187-7

Ⅰ.中…

Ⅱ.①林…

Ⅲ.海相生油-油气藏-形成-研究-中下扬子地区

Ⅳ.P618.130.2

中国版本图书馆 CIP 数据核字(2007)第 117255 号

中下扬子地区海相烃源岩评价及成藏条件	林小云　编著
责任编辑：张晓红	责任校对：戴　莹
出版发行：中国地质大学出版社（武汉市洪山区鲁磨路 388 号）	邮政编码：430074
电话：(027)67883511　　传真：67883580	E-mail：cbb @ cug. edu. cn
经　销：全国新华书店	http://www. cugp. cn
开本：787 毫米×1092 毫米 1/16	字数：220 千字　印张：8.25
版次：2007 年 9 月第 1 版	印次：2007 年 9 月第 1 次印刷
印刷：中国地质大学出版社印刷厂	印数：1—600 册
ISBN 978-7-5625-2187-7	定价：19.8 元

如有印装质量问题请与印刷厂联系调换

前 言

石油及天然气是宝贵的能源，其发展状态直接影响着世界经济的发展和世界的稳定。就目前的状况而言，石油工业形势日趋严峻，勘探难度日益增大，世界剩余石油可采储量及总可采资源量均呈下降趋势。这种勘探形势迫使油气勘探理论和技术必须有新的进展，才能适应世界油气勘探的持续发展。我国社会经济的快速发展，也使能源需求的矛盾日益突出，国家能源油气发展战略需要新的能源油气战略接替，在扩大深化挖潜陆相油气的同时，大力加强海相石油的勘探将是解决我国今后能源供应的关键。

中国南方中—古生界分布着大量的海相地层。南方海相油气勘探始于1956年，已有50年的勘探历程。经历了以下五个阶段，即：1965年以前的勘探起步，川南和川中相继发现了一批气田和油田；1966—1978年陆相沉积为重点，发现了江汉和苏北油田，初探海相；1979—1992年认识发展，再探海相，发现和开发了百色油田和赤水地区的气田，川东成为四川乃至全国最大的含气区之一；1993—1998年统一规划、部署，严格勘探程序的整体评价，优选区块和盆地评价的重点探索；1999年以来中石化集团公司的严格勘探程序、科学划分勘探层次、整体规划部署、深入依靠发展“三新”(新理论、新方法、新技术)，川东北发现了四川盆地内最大的气田——普光气田。

近50年的勘探和评价研究工作表明，南方海相中—古生界勘探领域油气资源丰富，是我国陆上特别是中石化集团公司重要的油气勘探开发战略接替区。取得了以下认识：①明确了南方海相中—古生界主要勘探选区方向是在南北两个中生代前陆盆地带；②对南方海相盆地的性质、结构有了基本了解；③认识到南方海相盆地存在多套生储盖组合；④针对南方海相油气后期经受强烈改造的特点，提出了“保存条件”是南方海相油气勘探的关键问题。但是南方海相未获重大突破，也给我们提出了几点思考：①要想取得对南方海相油气勘探领域的重大进展，必须突破传统的找油思路和方法，立足寻找天然气的新理论(新思路)、新方法、新技术；②南方海相领域不论勘探程度还是研究认识程度都较低，海相油气地质，要从南方整体着眼，必须按照经过大量实践检验的“盆地—区带—圈闭”的科学程序进行勘探；③地震勘探是南方海相油气勘探能否取得重大进展和突破的一项关键技术。因此，南方海相油气勘探领域从战略上必须坚持打持久战，要十分重视和深刻认识赋存海相油气资源的前陆盆地的复杂性和艰巨性。

中下扬子地区的勘探始于1966—1978年，当时主要以江苏、江汉地区中—新生代陆相沉积为重点，发现了江汉和苏北油田。经过原中国石油天然气总公司和现中石化集团公司的多次组织勘探，中下扬子地区海相已发现、开发了赤水、建南气田和黄桥CO_2气田，发现了句容、虎庄等残留油气藏和苏北朱家墩气田。尽管在勘探上取得了突破，但由于海相地层地质条件极其复杂，目前的研究水平仍然不能满足勘探的需要，尤其是成藏的首要问题—资源，未能达到客观评价的要求。问题主要表现在以下几个方面：①烃源岩的发育与成藏是盆地演化过程的自然产物，受盆地构造演化背景的制约，对中下扬子地区构造演化特征至今还没达成共识，而中下扬子构造演化特征是分析成烃问题的前提；②由于海相地层的高演化特征，烃源岩评价指标的选择和评价标准不同于陆相低演化程度烃源岩，正确选择评价指标和标准是正确评价烃源岩和确定原始资源量的关键；③由于地质条件的复杂性，多期构造演化造成了二次或多期次的生烃现象，二次生烃的特征有别于连续生烃的模式，因此，探讨二次生烃的机理是评价中下扬子地区古生界烃源岩生烃潜力的基础；④长期的、复杂的演化特点使原始烃源产生了复杂的变化，成藏的烃源不止来源于原始烃源，同时还存在各种次生烃源，这就造成了成藏评价的复杂性，对中—古生界海相地层的成烃潜力评价缺乏一个比较成熟的评价方法，目前这些研究尚处于探索研究阶段。

本书以二次生烃机理为理论，以高演化程度烃源岩评价、成烃演化研究和烃源类型分析等技术为主要方法，以野外地质和钻井、地化资料等为基础，通过研究总结二次生烃机理，将其应用于中下扬子地区海相烃源岩生烃潜力的评价。在分析中下扬子地区构造演化特征的基础上，系统分析中下扬子地区中—古生界海相烃源岩的分布、评价其生烃潜力和成烃演化，研究中—古生界海相地层的烃源类型、保存条件等成藏特征，预测油气分布规律和成藏的控制因素。全书内容包括以下几个方面：

(1)研究总结二次生烃机理：通过全面调研国内外有关二次生烃机理研究文献和应用实例，系统总结研究二次生烃的条件、特征和生烃机理，关键是研究二次生烃的生烃潜力及资源评价。

(2)中下扬子地区的区域构造演化与烃源岩发育：根据中国及邻区板块构造运动特征和大量中下扬子地区构造演化资料，结合在中下扬子地区实地观察的野外地质剖面，特别是在中扬子地区多处发现“古烃源灶”或“古油藏”的事实，研究分析中下扬子地区主要构造运动的表现特征与烃源岩分布，及其对油气成藏的影响。

(3)中下扬子地区中—古生界海相烃源岩生烃潜力评价：在野外调查与样品分析的基础上，根据高演化程度的特点，选择合适的指标对中下扬子地区海相烃源岩的有机质丰度、类型、成熟度进行全面的评价，分析其生烃潜力，并对各主要区块的成烃演化特征进行分析。

(4)中下扬子地区中—古生界海相地层成藏条件分析：从研究区特点出发，通过研究油气显示的分布特点，分析中—古生界海相地层成藏条件，包括成藏烃源条件类型、储盖组合、保存条件等，研究成藏的控制因素。

该书是笔者基于中国石油化工股份有限公司南方勘探开发分公司的科研合作项目以及完成的博士论文的基础上，进行综合、深化编写而成的。研究过程中得到了合作单位中石化南方分公司勘探开发研究院有关领导和专家的关心和指导，相关科室提供了大量的资料，并对在研究工作中给予了大力协助；在博士生学习和博士论文编写期间，得到了导师刘宝珺院士和陈开远教授的悉心指导，得到课题组成员和师兄弟的大力帮助；长江大学各位同仁及家人给予了大力支持和鼓励。在此一并表示衷心的感谢！

由于南方海相油气地质条件复杂，勘探程度较低，加之研究时间短和水平有限，书中定有不足和不当之处，敬请读者予以批评指正。

笔　者

2007 年春于古城荆州

长江大学地球科学学院

目　录

第一章　二次生烃特征及机理

第一节　二次生烃的概念及研究现状

所谓二次生烃是指当烃源岩热演化进入“生油窗”而未进入高、过成熟阶段，因构造因素等使其上升，地温下降，生烃过程便停止。当已停止一次生烃的源岩再次下沉，地层温度和压力不断增大，源岩干酪根的受热温度超过一次生烃停止时的生烃温度，并越过迟缓深度达到二次生烃门限时，未耗尽的有机质则可能再次生烃，称之为二次生烃(刘洛夫，1995；曾凡刚，1998)。

干酪根热解生烃的模拟实验前人已做了很多工作，而涉及二次生烃的模拟实验研究工作，20 世纪 90 年代才刚刚起步。1995 年中国石油大学刘洛夫等根据塔里木盆地满参 1 井石炭系灰岩和满西 1 井三叠系泥岩的热模拟实验结果发表了题为《干酪根二次生烃热模拟实验研究》的论文，提出二次生烃成熟度具连续演化、延缓了生烃过程的观点。1998 年北京大学曾凡刚在发表的题为《华北地区下古生界海相碳酸盐岩二次生烃作用机理研究》的论文中，将华北地区下古生界两块不同成熟度的灰岩进行热模拟实验，提出二次生烃的成熟度具明显迟缓的观点，并给出了碳酸盐岩的成烃演化模式图。1995 年冉启贵则利用显微煤岩组成相近、成熟度不同的 3 个煤样，在相同的升温程序下进行了热解模拟实验，研究表明，华北晚古生代煤的二次生烃高峰具有明显的迟缓现象，与初次演化程度无关。中国地质大学(北京)汤达祯等(2000)通过鄂尔多斯盆地东缘晚古生代不同演化阶段的煤样进行热解模拟，中国科学院广州地球化学研究所邹艳荣(1999)对华北晚古生代含煤岩系不同成熟度煤样系统进行热解实验和动力学研究，中国矿业大学秦勇和中国石油大学(北京)张有生等(2000)、中国矿业大学宫色(2002)、中国科学院广州地球化学研究所关德师(2003)等都对不同演化程度的煤样(自然演化系列)进行热模拟实验，从而对二次生烃机理和特征进行研究。

二次生烃机理作为沉积有机质成烃的理论之一，近 10 年来许多研究人员已经对二次生烃的概念、特征及成烃机理进行了比较系统的研究，但还未形成一套完整的理论，在二次生烃的迟滞性特征和二次生烃量上还存在不同的看法，而真正把二次生烃的机理应用于古生界烃源岩的评价还比较少，且多局限于华北和西北演化程度较弱的盆地中，不少研究者目前还在致力于此项研究。

第二节　碳酸盐岩生烃模式

对碎屑岩成烃的物质来源已进行了很多研究，但对于碳酸盐岩，由于其特有的有机质赋存形式，其成烃的物质来源不同于碎屑岩。下古生界碳酸盐岩中不同赋存形式的有机质对二次生烃的贡献如何，是评价古生界碳酸盐岩二次生烃潜力的重要问题。

一、碳酸盐岩有机质的赋存形式及特征

碳酸盐岩有机质的赋存形式具多样性和复杂性。钟宁宁和秦勇(1995)将其划分为碎屑类、无定型类、充填类和包裹类四大类，10余个“型”的赋存形式，在成岩作用过程中，各种赋存形式的有机质可以发生相互转变(图1-1)。

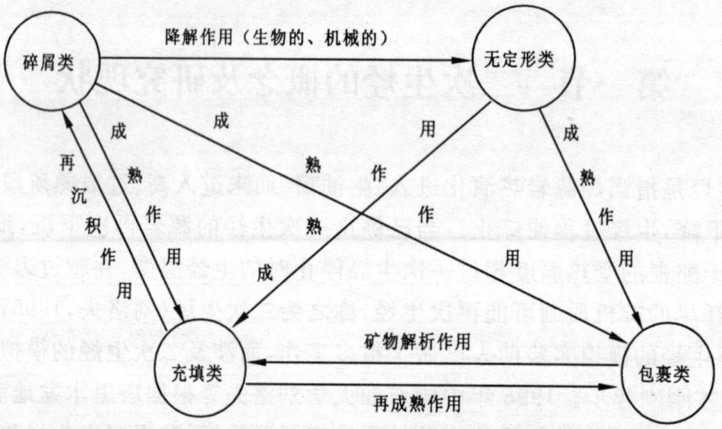

图1-1 碳酸盐岩中各种有机质赋存形式可能的相互转变途径(据钟宁宁、秦勇，1995)

1. 显微组分的特征

从强调碳酸盐岩显微组分的特殊性和显微组分之间的成因联系来看，可把显微组分分为外源类(陆源的)、内源类(海相的)和次生类(成岩的)三种。其镜下特征为：①原生显微组分丰度低、细分散、组成单调，以低等生物成因的为主；②次生有机质充填在成岩-构造裂缝中，造成局部富集，由于次生显微组分的出现，在碳酸盐岩原生显微组分贫而细且分散的背景上，容易造成有机质分布不均匀；③包裹有机体发育。

2. 可溶有机质的组成

碳酸盐岩可溶有机质包括三种类型，三种组成与有机质的赋存形式有一定的对应关系，每一种可溶有机质的内部化学组成都有不同的分布范围。①沥青“A”：来源于充填类、无定型类、碎屑类，属游离(于颗粒间)沥青；②沥青“B”：来源于矿物晶体(如方解石、白云石)内部，属包裹沥青(晶胞有机质，晶包有机质)；③沥青“C”：在酸处理后粘土矿物发生变性，释放出被束缚的沥青，属束缚沥青。

二、碳酸盐岩有机质的生烃演化

碳酸盐岩有机质赋存形式的复杂性，使得碳酸盐岩有机质的生烃演化与其他岩类相比具有以下两种差异。

1. 与陆源有机质相比，演化具有迟滞效应

由于碳酸盐岩成岩作用的“欠压实”，通过“机械保护作用”使有机质大分子结构的整体秩理性发展缓慢；以及控制生源类型的“海相沉积环境”使有机质相对富氢，造成有机大分子中的可动相物质增高(荧光强度较强)，妨碍了整体秩理性的正常演化历程，使得碳酸盐岩有机质在

R_o<2.0%以前，海相镜质组反射率 Rmv、显微组分荧光性、干酪根基本结构单元和岩石热解参数的变化全部滞后于共生的陆源有机质(煤)(钟宁宁、秦勇，1995)。

2. 不同赋存形式有机质的演化具有差异性

不同赋存形式有机质演化的差异性主要存在于游离有机质和晶包有机质之间。表现在晶包有机质演化受到"抑制"的特点特别明显，饱和烃中 C_{21}^-/C_{22}^+ 较小，Pr/nC$_{17}$，Ph/nC$_{18}$ 较大，C_{29} 甾烷 20S/20S+20R 一般比游离有机质低 0.1～0.2。这可能是由于晶包有机质不是经干酪根降解、而是直接由生物有机质转化而成并被封闭保存在碳酸盐矿物中的烃类。晶包有机质在碳酸盐岩矿物分解时解析出来，成为过成熟阶段的"高温石油"。

干酪根热解生烃为300～470℃，晶包有机质热解生烃为450～600℃，相当于干酪根生烃主带为 R_o<1.35%，晶包有机质生烃主带为 R_o>1.35%(童箴言等，1995)。碳酸盐岩有机质的差异演化使传统的"生油窗"之后仍具有一定的"生油"潜力，据分析，在 R_o>1.40%以后岩石中游离有机质主要来自于包裹有机质的释放，数量大约在 R_o=1.8 时达最大值，R_o>2.5%时逐渐变微(钟宁宁、秦勇，1995)。

三、碳酸盐岩有机质的生烃演化模式

根据碳酸盐岩有机质演化的特征，总结出碳酸盐岩有机质生烃演化表现为"三段式"的特点(钟宁宁、秦勇，1995；程克明等，1996)(图1-2)。

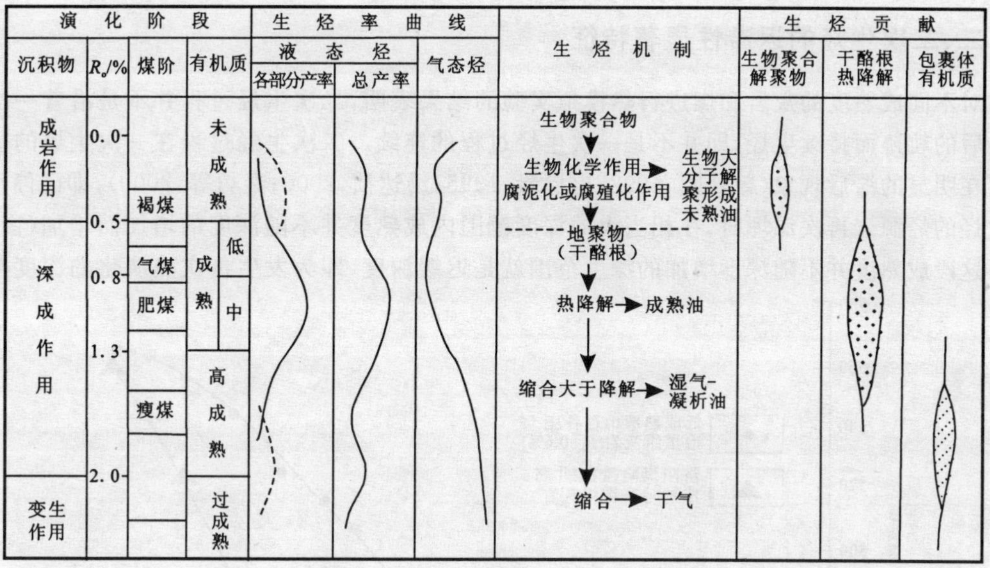

图1-2　碳酸盐岩生烃演化模式图(据陈克明等，1996)

(1)第一阶段：早期成岩作用阶段，R_o=0.2%～0.60%，有机质未—低成熟，碳酸盐矿物对类脂物聚合作用的抑制，沉积-成岩早期形成的分子量和分子交联度较低的地质大分子，直接解聚成解聚沥青(未成熟油)。

(2)第二阶段：成岩作用晚期，有机质成熟，R_o=0.60%～1.40%，干酪根大量热降解生烃。

(3)第三阶段：深成岩作用阶段和变质作用初期，R_o=1.4%～2.5%，包裹有机质和部分束缚有机质继续提供烃类来源。高成熟阶段仍生成液态石油。

这之后为过成熟晚期，生成高温甲烷气为主，包裹沥青在碳酸盐矿物“溶解”中释放液态有机质，进而裂解为气体。

第三节　二次生烃特征

一、碳酸盐岩二次生烃物质来源

碳酸盐岩中各种不同赋存形式的有机质异常丰富，而且有别于碎屑岩中的有机质。当初始演化程度并不太高的一次生烃时，其烃源物质主要来源于分散可溶有机质和干酪根中易降解的部分，而包裹体有机质和晶包有机质还并未参与成烃或参与甚微。烃源岩经过一次生烃后其有机质已大大改观，即已成为经过改造了的烃源岩，其有机质包括干酪根及其衍生的丝沥青、可溶有机质，包裹体有机质和晶包有机质，固体沥青和一次生烃已形成的吸附有机质，以及缝合线有机质，这些有机质成为二次生烃时的烃类物质主要来源。因此残留下来的这些烃源物质的分布状况及其丰度是我们评价二次生烃潜力的重要依据。针对碳酸盐岩烃源岩中有机质的特殊赋存形式，特别是下古生界经过如此漫长的地质演化和复杂的构造运动而已经一次生烃的碳酸盐烃源岩，我们认为在评价二次生烃的烃源物质时应注意残余干酪根、包裹体有机质、固体沥青及缝合线有机质对二次生烃的贡献（曾凡刚，1998）。

二、二次生烃的迟滞性显著特征

对不同成熟度的灰岩和煤进行热模拟实验的结果表明，二次生烃过程并不是沿着一次生烃之后的轨迹而持续生烃，即并不是一次生烃过程的连续。二次生烃过程在一次生烃的基础上存在明显的滞后现象（曾凡刚，1998；冉启贵，1995；汤达祯，2000；秦勇等，2000），即已停止一次生烃的烃源岩再次深埋时，在相当大的深度范围内成熟度并不随深度的增加而增加（图1-3）。这段成熟度并不随深度增加的深度范围就是迟缓深度，即为发生再次热演化的深度与早

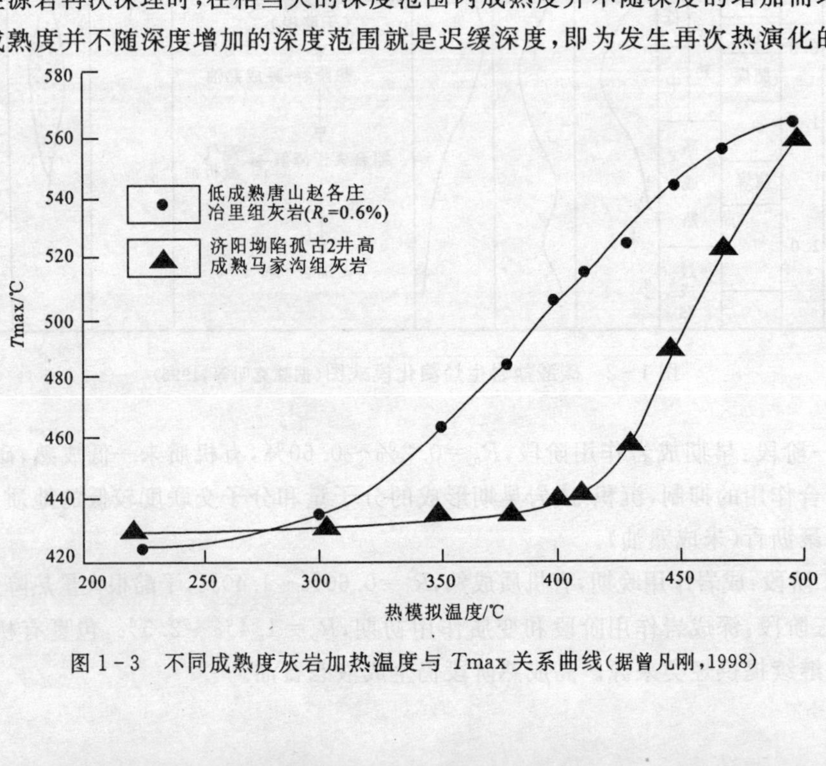

图1-3　不同成熟度灰岩加热温度与 Tmax 关系曲线（据曾凡刚，1998）

期热演化结束时的深度差值。迟缓深度与下列因素有关:①古生界地层早期热变质程度;②古今地温场差异;③古生界地层距二次生烃开始时的“老化时间”(曾凡刚,1998)。

许多学者对不同演化程度的海相碳酸盐岩烃源岩发生二次生烃作用的特征进行研究,发现其具有如下特点(图1-4):

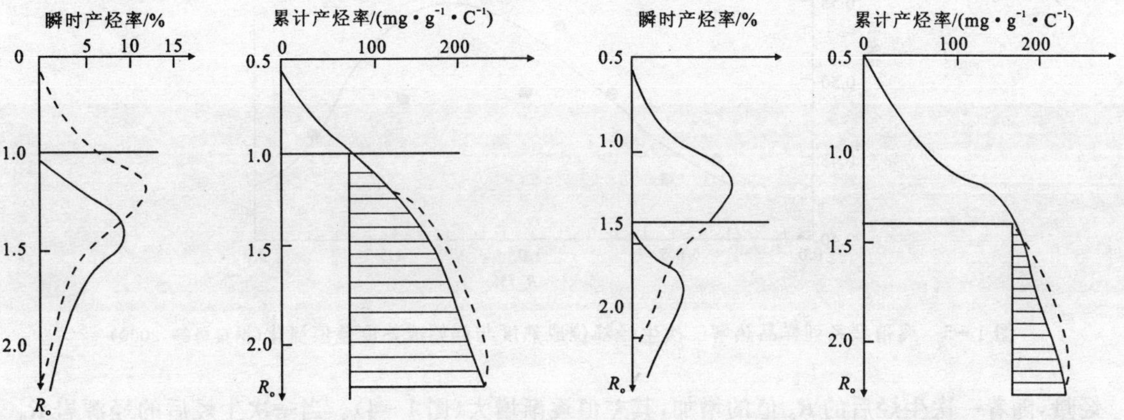

图1-4　华北地区下古生界二次生烃模式图(据冉启贵,1994)

(1)二次生烃具有明显的迟缓现象。一次生烃后的热演化程度越高,其二次生烃的迟缓现象就越明显(汤达祯,2000)。

(2)二次生烃仍然具有一个相对的生烃高峰。不管早期演化是否达到生烃高峰,其再次生烃时仍然具有一个相对的生烃高峰。早期演化程度越高,生烃高峰就越迟,高峰值也越小。对于早期演化程度没有达到生烃高峰的烃源岩,其二次生烃并不继承一次生烃后连续热演化的演化路径,并不在相同的热演化程度达到生烃高峰。同样,早期热演化已达到生烃高峰,二次生烃同样存在一个生烃高峰,而不是生烃率的持续下降(曾凡刚、陈克明,1998)。

(3)起始成熟度增高,二次生烃峰位成熟度呈规律性后移。二次生烃峰位成熟度(R)与起始成熟度($R_{o,i}$)之差(ΔR_1)随起始成熟度的增高呈抛物线式演化(图1-5),当二次生烃的起始成熟度小于一次生烃峰位成熟度(R_o=1.0%附近)时,起始成熟度增高,ΔR_1随之增大,暗示着二次生烃迟滞性在一次生烃峰位成熟度($R_{o,p}$)附近最强,迟滞程度最高者可达ΔR_1=0.55%左右。在二次生烃起始成熟度大于一次生烃峰位成熟度的条件下,ΔR_1的变化规律与此相反,这一规律为估算二次生烃高峰发生的时空位置提供了某些依据。由此抛物线外推,ΔR_1在起始成熟度为3.5%~4.0%之间趋近于零,表明二次生烃“死线”出现,二次生烃作用在此附近消失(秦勇等,2000)。

(4)二次生烃半峰宽随起始成熟度呈阶段性演化。起始成熟度位于生油门限(0.5%)附近,烃源岩二次生烃高峰成熟度范围最窄;而起始成熟度位于生油高峰(1.0%)附近,则二次生烃高峰成熟度范围最宽。这一特征暗示,二次生烃起始成熟度位于生油高峰附近的烃源岩,其生烃量可能相对较大(秦勇等,2000)。

(5)由于海相碳酸盐岩特有的多种有机质赋存形式,以及各种不同赋存形式的有机质在不同的演化阶段生烃,因此对于海相碳酸盐岩,特别是较高成熟度的海相碳酸盐岩发生二次生烃作用时,具有“多源复合,多期连续”生烃的特点。

(6)从热模拟实验结果分析,二次生烃的生烃量与一次生烃量的总和小于连续热演化的产

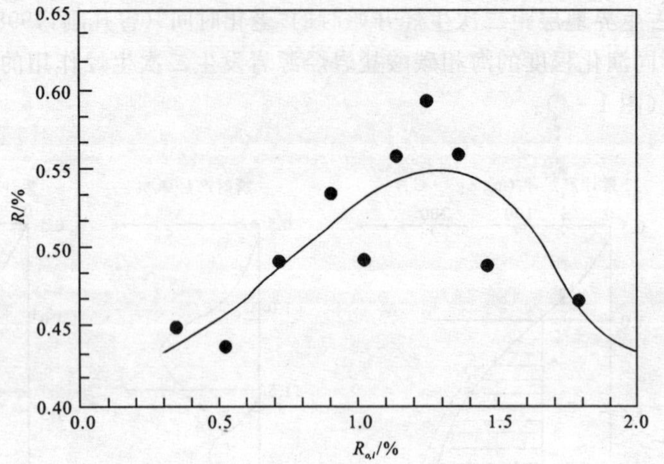

图 1-5 腐殖型系列样品热解二次生烃峰位成熟度与起始成熟度差值演化(据秦勇等,2000)

烃量,随着一次生烃后的 R_o 值的增加,其差值逐渐增大(图 1-4)。当一次生烃后的烃源岩 R_o 值达到 0.6%,再次发生二次生烃时,其累计产烃量与连续生烃的生烃量相比较,约损失 1/4 左右(曾凡刚、陈克明,1998)。

因此,二次生烃与连续一次生烃途径具有明显区别,最显著的差异就是二次生烃作用发生时具有明显的滞后现象。由于这一特点,我们对烃源岩再次生烃评价,特别是对成烃门限评价时,就不能沿用连续一次生烃的评价方法,而应按照符合二次生烃作用的特点进行更切合实际的准确评价,只有第一次热演化程度不太高的烃源岩才具有一定的二次生烃潜力。

第四节 二次生烃机理

一、二次生烃的化学动力学机理

中国科学院广州地球化学研究所邹艳荣(1999)通过对华北晚古生代含煤岩系不同成熟度煤样系统的热解实验和动力学研究,提出了华北晚古生代煤二次生烃的动力学模式(图 1-6)。煤作为烃源岩进入生烃门限后,在温度、时间、压力的作用下,富氢组分开始“解聚”成包括胶质、沥青质等在内的可溶有机质中间产物,当 R_o 为 0.9%左右时,可溶有机质达到高峰,“解聚”过程基本结束。由于可溶有机质的存在,使得煤的活化能、生烃温度降低,因而,初次演化至 R_o 为 0.7%~0.9%时,二次生烃峰温将会提前。R_o>0.9%以后,可溶有机质逐渐减少,生烃机制逐渐转变为以“脱官能团”机制为主。在这一转换过程中,活化能和生烃温度逐渐提高,因而,初次演化至 R_o 为 0.9%~1.3%时,与初次生烃相比较,二次生烃峰温将会滞后;若初次演化至 R_o 为 1.3%以后,则初次生烃结束时几乎完全为“脱官能团”反应,以键能由低到高依次脱落,因而二次生烃与初次生烃将会连续。因此,在二次生烃过程中由于先期受热降解形成的“中间产物”在一次演化中止前未能有效释放而部分聚集在干酪根内的特性以及化学结构在受冷却后的高度“固化”,导致了二次增温初期中间产物的快速释放和化学结构再次活化的“惰性”,从而使得二次生烃显现出“脉冲”式的非连续演化过程。二次生烃反应活化能的分布不同于一次连续生烃，显示出低→增高→降低→再增高 4 个演化阶段（关德师，2003；秦勇等，2000）。在 R_o 在 0.9%附近，活化能最低，对于断续演化的二次生烃而言，较低的活化能预示着二次生烃所需的温度低，二次生烃将提前。煤的二次生烃与煤的显微组分构成和成熟度有关，具有一定的阶段性，不同的演化阶段，二次生烃模式不同。由于煤中富氢组分和可溶有机质的普遍存在，镜质组反射率在 0.7%～0.9%附近，二次生烃提前可能具有一定的普遍性。

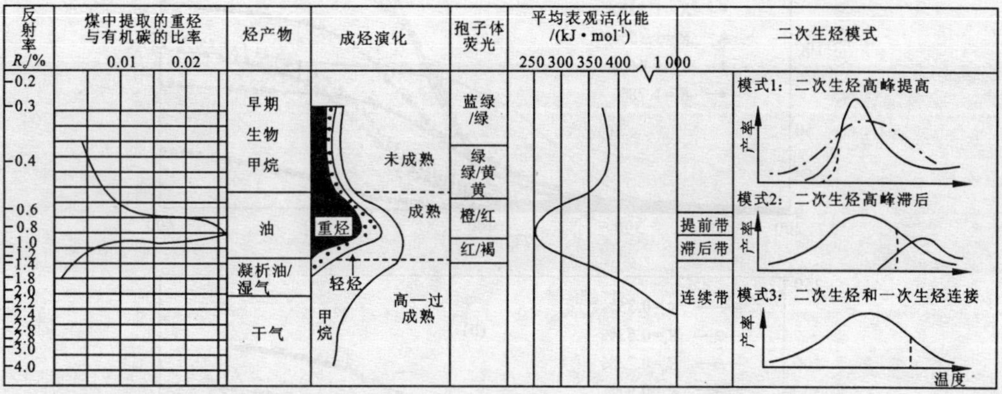

图 1-6　华北晚古生代二次生烃的动力学模式（据邹艳荣，1999）

二、二次生烃潜力

关于二次生烃的潜力研究，不同的研究者得出不同的结论，或认为一次与二次生烃量之和与一次连续生烃量相等（刘洛夫等，1995；宫色等，2002），或认为两次生烃量之和小于一次连续生烃量（曾凡刚等，1998）。究其原因主要是因为：第一，仅采用同一原样不同预热温度的残渣系列进行模拟，缺乏自然成熟度系列样品，天然受热条件与人工加热条件的可比性值得商榷；第二，所选原始样品的成熟度范围窄；第三，所选样品组成可比性差。中国石油大学（北京）张有生和中国矿业大学秦勇等（2002）的实验在结合前人研究成果的基础上，充分考虑了自然成熟条件以及样品的密度分布，热模拟实验发现，二次生烃量、一次与二次生烃量的总和及其与一次连续生烃总量之间的关系取决于以下两个主要因素：①二次生烃起始成熟度的高低；②二次生烃演化终止成熟度（图 1-7）。

（1）一次连续演化生烃量。对于起始成熟度尚在未成熟阶段（R_o＝ 0.35%）样品，在热模拟过程中累积生烃量较低。生烃高峰所对应的镜质体反射率 R_o 为 0.7%～0.8%，当达到 1.0%以后，累积生烃量曲线变得十分平缓，表明生烃作用减弱（图 1-7b）。由于在热解模拟的过程中，其生烃演化基本上经历了未熟、成熟、高熟和过熟阶段，故这一累积生烃量可大致看成是一次连续演化所能生成烃的数量。

（2）二次生烃量与一次连续演化生烃量。起始成熟度处于成熟早期—中期（R_o＝ 0.5%～0.9%）阶段样品，在充分热解反应的条件下，二次累积生烃量明显大于未成熟样品的一次连续生烃量，且随起始成熟度增高，二者差值越来越大；对于起始成熟度介于成熟中期—晚期（R_o＝0.9%～1.3%）的样品，二次累积生烃量相应减少，但仍普遍大于未成熟样品一次连续生烃量，随初始成熟度增高，二者之差越来越小，到“生油死线”附近（R_o＝1.3%）二者趋近；起始成熟度过“生油死线”以后，累积二次生烃量快速减少，转而低于未成熟样品一次连续演化生烃

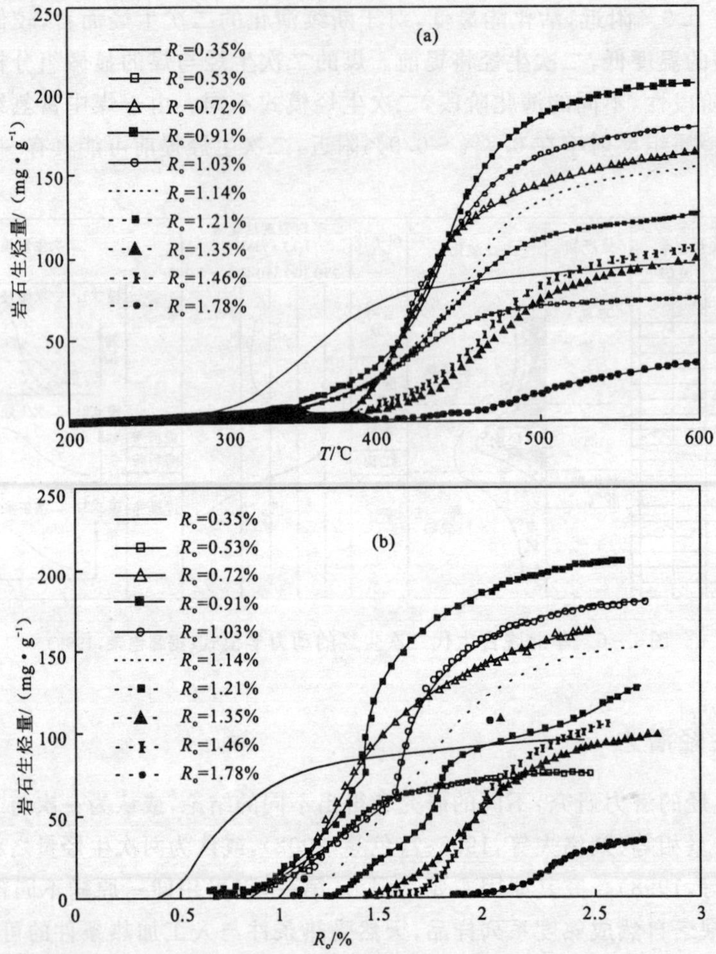

图1-7　热模拟系列样品岩石累积生烃量-镜质组反射率曲线(据张有生、秦勇,2002)

量。在未充分热解的条件下,二次生烃量未必大于一次连续生烃量,如模拟最终温度为420℃,初始成熟度为1.0%以前的样品的二次生烃量均小于一次连续生烃量。从成熟度的角度来讲,初始成熟度为小于1.0%样品发生二次生烃作用,终止成熟度为1.3%,二次生烃量也小于一次连续生烃量。

(3)一次与二次生烃量的总和与一次连续演化生烃量。地质历史过程中,如果二次生烃作用进行得比较完全,二次生烃烃源岩起始成熟度在小于2.5%范围内,一次和二次生烃量之和均大于一次连续生烃量。在生油门限(R_o=0.5%)到生油高峰(R_o=0.9%)阶段,差值增大,生油高峰阶段之后(R_o>0.9%),差值逐渐变小。反之,如果二次生烃作用进行得不完全,一次和二次生烃量之和未必大于一次连续生烃量。而且,二次生烃的终止成熟度与起始成熟度差值越小,一次和二次生烃量之和与一次连续生烃量的差距越大。如R_o=0.72%时,烃源岩发生再次演化,终止于成熟度为R_o=1.0%的时刻,一次和二次生烃量之和小于一次连续生烃量。

通过对二次生烃量及其与一次连续演化生烃量之间的关系分析可以揭示二次生烃的重要特征:①如果一次生烃的终止成熟度(二次生烃的起始成熟度)尚未达到生油高峰阶段,则二次生烃的作用有可能显著提高烃源岩的生烃潜量，并以起始成熟度为0.9%左右，升高幅度最大。②二次生烃终止成熟度是控制二次生烃量的另一个重要因素，一次生烃终止成熟度与二次生烃终止成熟度之间的差距越大，越有利于提高二次生烃量。这就为油气勘探、油田老区挖潜提供了理论依据。

第五节 国内外二次生烃实例

在国内外古老的克拉通盆地中，经过了多期复杂的构造运动，存在二次生烃的可能。我国的华北古生界地层、西部塔里木盆地、西伯利亚地台拜基特盆地等都具有多次沉降隆升的复杂构造演化史，烃源岩存在二次生烃现象。

一、西伯利亚地台尤鲁布钦-托霍莫油气聚集带多期成藏

尤鲁布钦-托霍莫油气聚集带位于俄罗斯克拉斯诺亚尔斯克边疆区，构造上属于西伯利亚地台拜基特盆地卡莫隆起的中央地区。地台盖层分上构造层(文德系—显生宙构造层)和下构造层(里菲系构造层)，二者之间是里菲系顶部的前文德纪剥蚀面。

拜基特盆地是一个典型的叠合盆地，萌发于太古宙—早元古代西伯利亚古老克拉通的西南部。盆地演化经历中、晚里菲世沉积→晚里菲世末抬升→文德纪—寒武纪区域下沉接受沉积→奥陶纪北部下沉→志留纪—早石炭世抬升→中石炭世—二叠纪北部下沉→三叠纪基性岩浆活动→新构造运动抬升。

尤鲁布钦-托霍莫油气聚集带烃类来源于里菲系烃源岩。储集层是里菲系顶部的白云岩风化壳，以缝洞型为主，尤以垂直裂缝最为发育。区域盖层是文德系的泥质岩和泥质碳酸盐岩，南部地区夹薄石膏层。总体为地层圈闭，侧向具岩性圈闭和断层遮挡性质。尤鲁布钦-托霍莫油气聚集带的油气藏是迄今为止在地球沉积圈层内所发现的最古老的特大型油气藏。油气聚集带以内的里菲系马德拉层含有优质烃源岩，在油气聚集带以外的拜基特盆地南部和西南部地区也有大量里菲系优质烃源岩。里菲系的烃源岩在晚里菲世中期已进入主要生油带，形成了大量烃类并运聚成藏，晚里菲世末期的褶皱作用及伴随的强烈抬升使里菲系遭受强烈风化剥蚀，形成的油气藏经受改造和破坏。之后，从文德纪一直到二叠纪，虽然本区也有过短暂抬升，但总体以下陷为主，里菲系烃源岩二次生烃。同时，该期间的差异升降运动使得尤鲁布钦-托霍莫油气聚集带形成了许多大型局部构造，非常有利于烃类运聚成藏。二叠纪末—三叠纪本区的基性岩浆活动对油气藏的破坏作用仅限于岩浆通道附近，一般地讲，这次热事件促进了生烃作用。三叠纪以后的本区整体抬升，一方面可能会对已形成的油气藏产生破坏作用，但另一方面能使地层的温度、压力降低，大量烃类从地层水中游离出来，成为已存在油气藏的烃类补充来源(李国都等，2000)。

二、北非阿尔及利亚的哈西-迈萨乌德油田

北非阿尔及利亚的哈西-迈萨乌德油田是著名的潜伏剥蚀构造油气藏，位于阿尔及利亚萨哈拉大沙漠东部，距地中海560km。油气聚集在一个顶部遭受剥蚀的大背斜中。该背斜构造于古生代末期上升，长期遭剥蚀，隆起顶部出露寒武系砂岩，至三叠纪时才开始被盐岩及红色页岩所覆盖，形成良好的圈闭条件。产油层为寒武系砂岩，油气来源于凹陷内志留系黑色页

岩，通过不整合面运移于圈闭中聚集(图 1-8)。由于三叠系的沉积，使地下温度、压力升高，距哈西-迈萨乌德西北 40km 凹陷内的志留系黑色页岩具备了二次生烃的条件，所生成的油气通过不整合面运移至哈西-迈萨乌德潜伏剥蚀构造中聚集，形成目前的大油田。

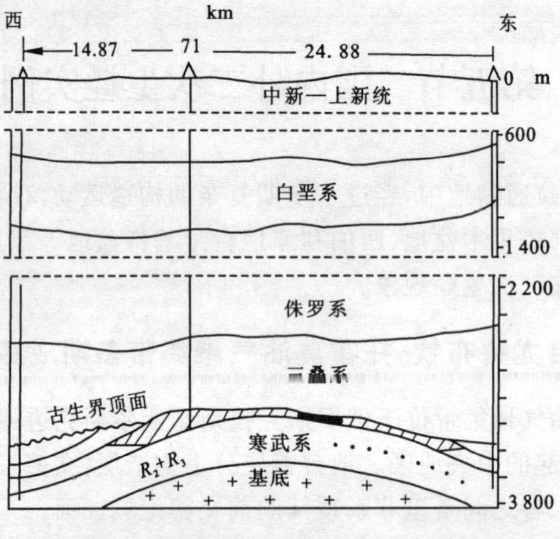

图 1-8 哈西-迈萨乌德油田剖面示意图(据陈荣书，1994)

三、中国塔里木盆地二次生烃

中国塔里木盆地也具有古老陆壳基底和多次沉降隆升的复杂构造演化史，与拜基特盆地具有可类比性，更有利的是塔里木盆地在新构造运动期间曾发生下陷。地层埋藏动力学研究表明，寒武系—下奥陶统烃源岩在晚奥陶世中期已进入主要生油带，在奥陶纪末的抬升之前已大规模排烃，并且向塔中古隆起顶部地区运移并聚集成藏。晚志留世—泥盆纪更大规模的抬升作用很可能使已形成的油气藏遭到改造和破坏，在塔中 11 井等地区发现的沥青砂就是古油藏破坏的直接标志。但在此之前，中、上奥陶统内的烃源岩还没有进入大量生烃阶段，这无疑使其生烃潜力得以保存。石炭纪—二叠纪该地区转为下沉后，烃源岩生烃作用恢复，特别是在新构造运动期间本区下陷，促进了不同层位烃源岩的继续生烃，排出的烃类物质或者补充到老油藏中，或者运移到新形成的圈闭中聚集成藏。北部坳陷内的油气在地质历史中不断生成，塔中古隆起是它们的运移指向之一。塔里木盆地的奥陶系顶面风化壳和志留系及上覆地层中存在多套储盖组合，特别是石炭系底部发育一套区域性分布的含膏泥岩优质盖层使隆起区及其周围斜坡地带(特别是斜坡带志留系的下倾方向)具有形成大型油气田的一切必要条件。奥陶系顶面风化壳的油气藏虽然已找到了许多，但还有可能发现更多、更大规模的与风化壳有关的油气藏(李国都等，2000)。

上述实例表明，在具多次沉降隆升的复杂构造演化史的盆地中，二次生排烃具有较大的潜力，只是它要求的温度、压力条件更为苛刻。而且，只有在早期生烃中生烃潜力没有耗尽即地层抬升、使生烃潜力得以保存的情况下才具有二次生烃的潜力。

第二章 中下扬子地区构造特征及演化

中扬子区包括湖北及邻区，构造位置地处扬子陆块中部，主要指新华断裂以东，大巴山、襄樊广济断裂以南，团麻断裂、溆浦四堡、垭紫罗、师宗弥勒断裂西北地区；而下扬子区跨苏、浙、皖、赣和沪四省一市，主要位于团麻断裂以东，连黄断裂和江南隆起带所夹的三角地区。本书研究的范围主要集中在中下扬子地区的主体部位，西靠黄陵背斜，东邻黄海之滨，北以秦岭、淮河为界，南接洞庭湖、鄱阳湖的广大地区（图 2－1）。

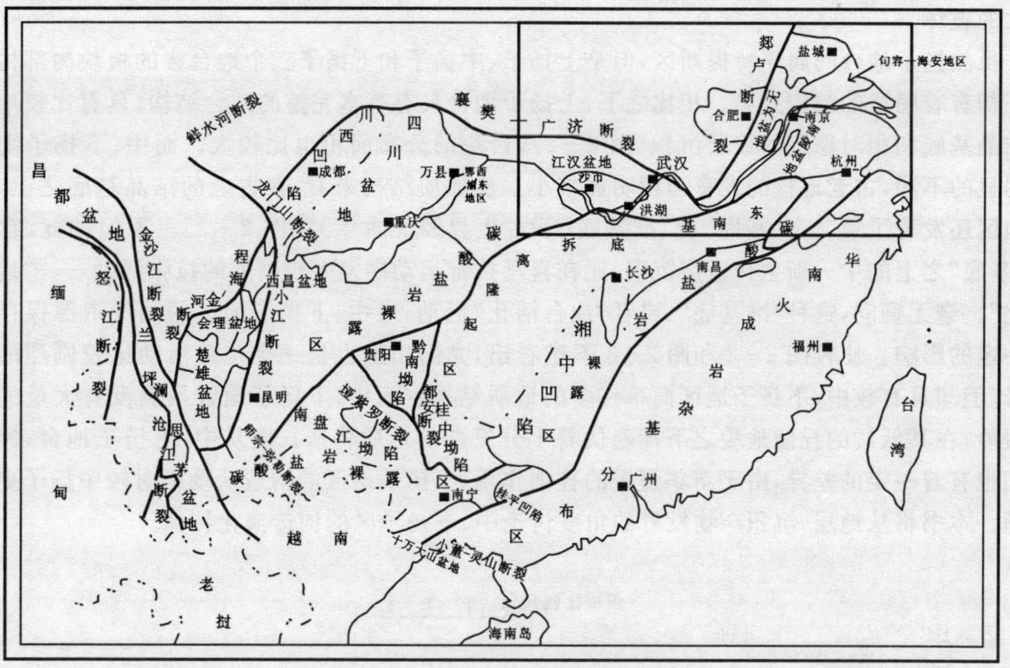

图 2－1 研究工区位置图

对于中下扬子区的构造发育与演化特征，很多专家学者从不同的角度进行了很多研究。翟光明、宋建国等在 2002 年出版的《板块构造演化与含油气盆地形成和评价》一书中从板块构造的角度论述了中国及邻区板块构造的演化特征。我国及邻区结晶基底可划分为华北陆块、塔里木陆块、柴达木-阿拉善陆块、准噶尔-哈萨克斯坦陆块、兴-蒙陆块、华南陆块、冈底斯陆块、其他陆块和地块、西伯利亚大陆块（地台）和俄罗斯大陆块（地台）。扬子地台属于华南陆块，基本上是一个统一的板块块体。新元古代之前经历了“始板块”构造演化阶段，新元古代之后为“古板块”构造演化和中生代以来的“现代板块”构造体制。显生宙古板块的运动状态经历了大陆离散、大陆靠拢及大陆聚集三个阶段，地球表层板块的漂移反映了地球内部经历的动力学过程（翟光明等，2002）。这种板块活动的规律也反映了中下扬子地区的构造活动特征：

①600～407Ma 时期(加里东期),大洋扩张,海平面上升,中下扬子乃至整个中国大陆地区都有广阔的海相沉积发育,此时中下扬子地区的构造特征基本上是一致的。②407～200Ma 时期(海西期—印支期),地幔对流减速,大陆开始发生初次的大规模碰撞,形成大面积的抬升造陆,此时古老陆核的规模与位置便对中下扬子地区的构造特征有较大的影响。相对处于靠近上扬子陆核(中心区)的中扬子区,仅发生了小幅度的构造形变,主要是抬升造陆活动;而相对远离上扬子陆核(中心区)的下扬子区,处于特提斯地块的末梢,在巨大地块的拖动下,分别与华夏、印支板块发生较大规模的碰撞,形成了较强烈的逆冲造山运动。③200～80Ma 时期(燕山期)的海平面上升,大陆离散活动是最重要的油气生成与保存时期。凡是自此能够继承性保持盆地发育的地区,几乎都形成较丰富的油气聚集,如大庆、华北、鄂尔多斯盆地等;而中下扬子地区白垩纪的长期暴露剥蚀,使早期的油气遭受了较大的破坏,条件不太有利。④80～0Ma 时期(喜马拉雅期)的大陆聚合,形成中国及邻区的第二个造山活动期,它也是形成油气聚集的最后机会,江汉、苏北油田则是这一时期的产物。如果没有足够好的区域盖层(如岩盐层),这次的造山运动使原有的油气大部散失。因此,在中下扬子地块的周边地区,古油气藏均遭受了巨大的破坏。

虽然扬子地台同属于特提斯区,但是上扬子、中扬子和下扬子三个地台区的板块内部构造特征却有着明显的结构差异。相比之下,上扬子地台具有基本完整的地台结构,具有比较单一的结晶基底和相对稳定的盖层沉积(图 2-2),台块的分布面积也比较大。而中、下扬子则有着明显的不同,古老地核的发育面积明显减小。从地质结构来看,在古老的结晶基底之上,大部地区还发育了第二个“基底”或“准基底(下古生界及元古宇)”(图 2-3)。不但如此,在此“准基底”之上的中—新生代盖层沉积,还在喜马拉雅运动中发生较剧烈的拉张活动——“地台活化”。毫无疑问,这种“准基底”、或者“地台活化”活动,对中、下扬子地区的油气资源保存有着一定的影响。比较图 2-2 和图 2-3 不难看出,龙门山虽也是一个构造活动比较剧烈的构造带,但却具有较中、下扬子地区简单许多的地质结构。而中、下扬子地区虽然没有大量的崇山峻岭,在其低矮的丘陵地貌之下却隐伏着十分复杂的地质构造。而从中、下扬子地台来看,它们也有着一定的差异,由于新华夏系的叠加作用,下扬子地区的构造活动相对较中扬子更加强烈。本书将从地层-沉积产物发育的角度讨论中、下扬子区的构造演化特征。

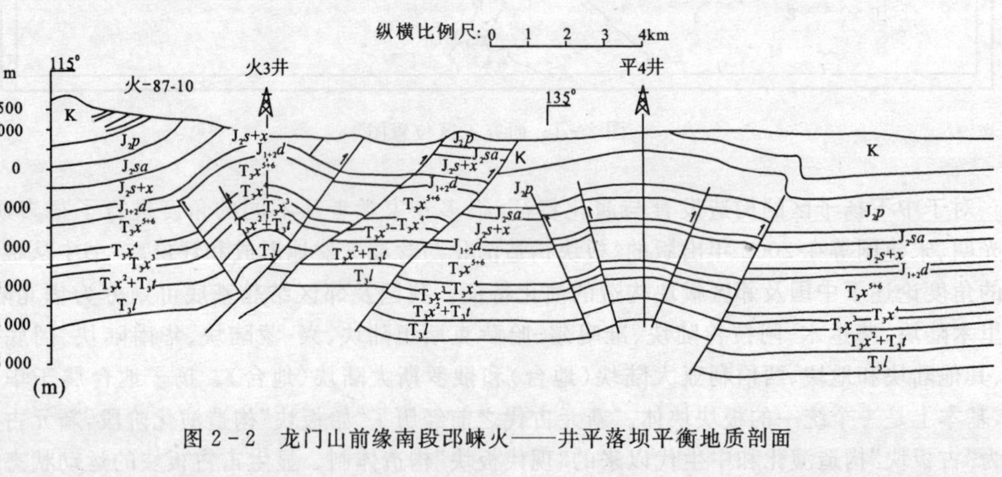

图 2-2　龙门山前缘南段邵崃火——井平落坝平衡地质剖面

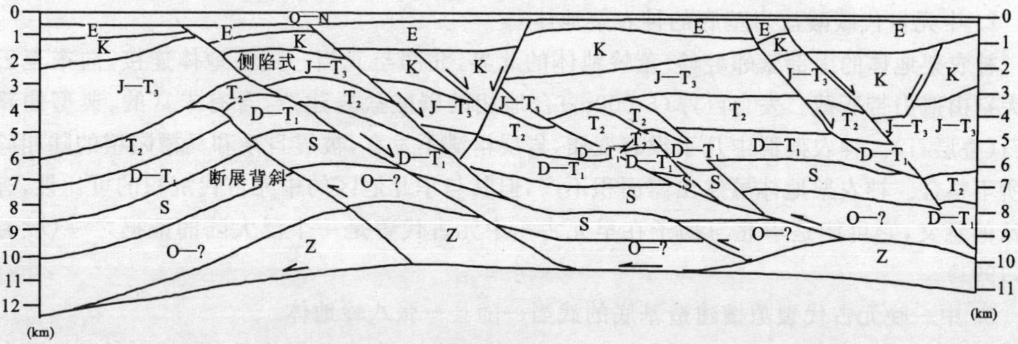

图 2-3 江汉盆地北部谢家湾构造 402 测线解释剖面(示多次叠瓦逆冲构造)

第一节 地台基底的形成与演化

一、基底组成与地体划分

根据基底岩石组合、地层序列、变质程度、构造环境等特征,中下扬子区自南而北大致划分为四种基底类型或四个由特定基底组成的、与相邻基底具明显不同演化历史、并被断裂所围限的地体,依次为:中元古代火山-沉积复理石基底组成的江南地体,晚太古代—中元古代古陆核式基底组成的崆岭-董岭地体,中元古代碳酸盐岩基底组成的神农架地体和中—晚元古代裂陷建造式基底组成的武当—随县—张八岭地体(常印佛等,1996)(图 2-4)。

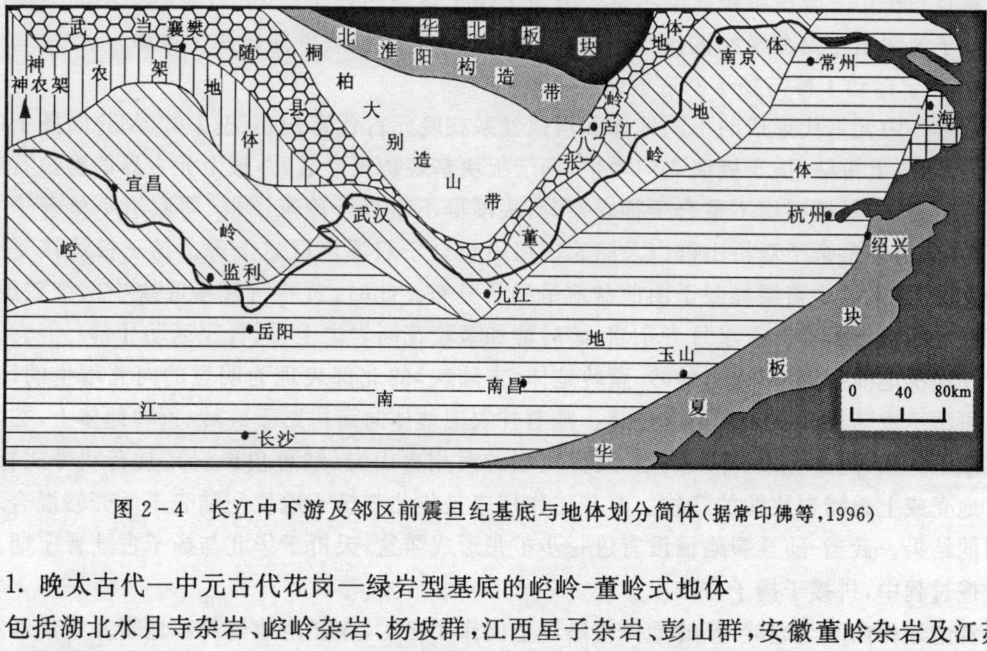

图 2-4 长江中下游及邻区前震旦纪基底与地体划分简体(据常印佛等,1996)

1. 晚太古代—中元古代花岗—绿岩型基底的崆岭-董岭式地体

包括湖北水月寺杂岩、崆岭杂岩、杨坡群,江西星子杂岩、彭山群,安徽董岭杂岩及江苏埤城群。断续出露于长江中下游地区轴部带,大体呈近东西向的长板状横亘于扬子地块的北缘,是现今中扬子区的主体。

2. 中元古代碳酸盐岩基底的神农架地体

神农架地体的南部紧邻崆岭-董岭地体的北界，北部与武当—随县地体连接，向东至云梦被大别山造山带所截。发育巨厚(5 000m)台地相的碳酸盐岩建造，含有丰富的、典型的藻类化石(叠层石)。神农架群中几乎没有变质，岩层褶皱不发育，被震旦系和马槽园组的陆相碎屑岩所不整合。神农架地体虽然出露面积不广，但其与华北地区的中元古代沉积的可比性，有着特殊的意义，它可能是华北与扬子在早元古—中元古代曾是一个泛大陆的证据之一(耿芳文等,1991)。

3. 中—晚元古代裂隙槽建造基底的武当—随县—张八岭地体

从武当山(两陨地区)-随县、应山-张八岭-苏北灌云连绵千余公里，发育一套以细碧角斑岩为特征的海相火山岩及海相沉积岩，其分布紧贴着秦岭—桐柏—大别—苏北造山带，为扬子地块最北缘的构造单元。从西向东由宽变窄，在黄梅县以西呈北西向展布，以东转为北东向，呈不对称的"V"字型。南与神农架地体相连，其间为岚皋 房县 襄樊 广济断裂，黄梅以东神农架地体没有出露，直接与崆岭-董岭式基底接触，相隔于黄梅-滁河断裂(嘉山-响水)。其北界为秦岭-桐柏-大别-苏鲁造山带，由商南-丹凤断裂、应山-稀水、宿松-肥东断裂所隔。

4. 中元古代火山—浊积复理石基底的江南地体

位于扬子板块的南部，是扬子板块的主体。其北与崆岭-董岭地体相接，由公安-监利-庐山-青阳-宣城-常州断裂所隔，南为华夏地块(古陆)，其间是皖浙赣晚元古代碰撞造山带。江南地体地层系统为巨厚海相浊积复理石沉积岩系(＞10 000m)夹有海相火山岩，另一部分就是大面积出露的晚元古代晋宁期花岗岩基(如九岭花岗岩等)，周边发育古生界地层。在南部基底裂陷带内沉积的上古生界至下三叠统地层，反映出加里东运动的影响。

二、基底的形成与演化

震旦系—中三叠统沉积盖层不整合覆盖于扬子地块四种基底之上，表明了不同地体的拼接和扬子地块增生是在晚元古代实现的，与之对应的重大构造事件是晋宁运动。

1. 晋宁运动Ⅰ幕与扬子基底固结

由早—中元古代形成的不同地体和沟弧盆系在晚元古代青白口纪(1 000Ma)向扬子崆岭-董岭古陆核上拼贴，扬子板块双向增生，扬子板块基底初步形成，并被上元古界的磨拉石建造不整合覆盖，如马槽园组不整合于神农架群、板溪群不整合于冷家溪群、邓家组不整合于上溪群、落可岽组不整合于双桥山群以及骆家门组不整合于双溪坞群之上等。扬子板块接受了第一个盖层沉积，这个盖层局限于山前盆地呈线状分布。此时，黄陵穹窿基底缺少这个盖层，震旦系莲沱组直接不整合于水月寺杂岩、崆岭群和黄陵花岗岩之上(属晋宁运动Ⅱ幕)。

在这次地体拼接事件中，崆岭-董岭地体(古陆块)的北部表现为明显的向北增生的特点，地体拼贴于古陆块和裂隙带向北迁移。随着神农架地体向南拼贴于崆岭-董岭地体上，在其以北形成了武当-随县-张八岭裂陷槽，发育典型的海相火山岩(细碧角斑岩)，具有双峰式特征，是下地壳或上地幔岩浆源的产物。其裂陷作用应是华北与扬子地块间陆壳下面壳幔混合岩浆作用的结果。武当-随县裂陷槽没有进一步扩张形成洋盆，夭折于华北与扬子古陆晋宁期Ⅱ幕的碰撞过程中，拼接于扬子古陆上。

江南地体向北与崆岭-董岭地体拼贴和造山作用之后，在江南地体局部地带及东南缘亦发生局部的张裂作用，主要发生于皖南歙县、德兴-弋阳及浙西北一带，德兴-弋阳及浙西北形成一套陆内裂陷槽火山岩。在皖南歙县一带，裂陷作用可能稍强，尤其到晚元古代中期，可能进一步发育弧盆体系(刘寿和等，1990)，预示着江南地体向北拼贴于崆岭-董岭地体上，活动带向南迁移的特征。

2. 晋宁运动Ⅱ幕与古中国大陆

800Ma 左右，研究区发生了又一次重要的构造事件，称之为晋宁运动Ⅱ幕。本次构造运动使得固结的扬子板块与华北板块、华夏板块碰撞对接，形成古中国大陆。此时晚元古代的南、北裂陷带闭合，武当-随县-张八岭地体随着华北板块向南俯冲与扬子连为一体。扬子板块与华北板块聚合的岩浆弧，即北大别同造山期的英云闪长岩类年龄为 800～650Ma（董树文等，Pb－Pb，1994；朱宝康等，Rb－Sr，1988；张之祥等，Rb－Sr，1988；游振东等，U－Pb，1992；汤加富等，U－Pb，1995）。古大陆开始接受了更为广泛的盖层——震旦系的沉积，形成面状分布的区域不整合面，如震旦系休宁组不整合于邓家组之上、莲沱组不整合于板溪群之上等。

在江南地体的南缘，发生了与华夏板块碰撞的构造事件，使南侧晚元古代裂隙带闭合。德兴-弋阳及歙县伏川裂陷槽型蛇绿岩套构造就位，德兴-弋阳蛇绿岩套为 930Ma 年龄(徐备等，Sm－Nd，1989)，皖南歙县伏川蛇绿岩套年龄为 1 024±30Ma（周新民等，Sm－Nd，1989)，均为结晶年龄。另可见蛇绿岩套仰冲于年龄为 923.1Ma 的花岗片麻岩之上，推测其构造就位年龄为 800～850Ma(马长信等，1992)。

由此可见，整个晚元古代是扬子地块构造演化的极其重要阶段。如果晋宁运动Ⅰ幕使得扬子板块内的神农架地体、崆岭-董岭地体和江南地体相互拼接而完成了扬子板块基底框架，那么晋宁运动Ⅱ幕则完成了华北-扬子-华夏板块的对接，构成古中国大陆。从中、下扬子基底构成及演化分析，两者都具有江南地体、崆岭-董岭地体及武当-随县-张八岭地体，但下扬子不具有神农架地体；虽然中、下扬子都具有崆岭-董岭地体，但基底构成有些不同，下扬子未见晚太古代的结晶基底；中扬子的武当-随县地体比下扬子的随县-张八岭地体分布范围广，随县-张八岭地体在下扬子呈窄的条带状分布，而在中扬子呈扇形分布；中下扬子在晋宁运动Ⅰ幕时南部比北部拼接得早。

第二节 前印支期海相盆地的形成与演化

中下扬子地区作为扬子板块以及中国南方的一部分，其震旦纪以来的构造演化主要取决于扬子板块、华夏板块、华北板块、库拉-太平洋板块、印度板块等板块的构造活动，而这种大的构造背景也决定了中下扬子地区沉积盖层的发育。中国南方震旦纪以来的沉积盖层大致以中—晚三叠世为界，将中国南方大地构造演化划分成海相盆地演化($Z—T_2$)及陆相盆地演化($T_3—Q$)两大阶段，而每个阶段内又可根据各自的构造演化特征划分为不同的次级阶段。

一、克拉通及其周缘裂谷盆地发育阶段($Z—\in_1 q$)

晋宁晚期的造山运动使南方除华南残留盆地外，都变成了陆地。而到了震旦纪这种挤压环境下的造山活动开始转化为全球背景下的拉张活动，这一拉张活动导致了泛大陆的解体。它在中国表现得也很强烈，除形成华南裂谷系外，晋宁晚期华北与扬子缝合后形成的中国古大陆，从震旦纪开始重新拉开，裂谷作用导致秦祁洋的形成。早震旦世，扬子板块只有部分接受沉积，上扬子区大部分为古陆，中下扬子区为克拉通盆地，主要沉积了一套滨浅海碎屑岩，南秦岭区成为大陆边缘浅海盆地。晚震旦世，上、中、下扬子区均已成为典型克拉通盆地，广泛接受台地相浅海碳酸盐沉积（江苏省地质矿产局，1984）。到了早寒武世，扬子板块被裂谷盆地所包围。北侧有南秦岭陆缘裂谷盆地，南侧有华南裂陷洋盆，西侧有川西裂陷海槽。扬子克拉通南缘的湘桂克拉通边缘盆地及分布于郯庐断裂东侧滁州一带的滁州克拉通边缘盆地，均属大陆坡或下斜坡的深盆环境。早寒武世梅树村期和筇竹寺期海侵达最大，涉及南方全区，成为南方早古生代最大海泛期，也是华南裂陷洋盆范围最大的时期，广泛发育了硅质岩、黑色页岩及浊积岩等深水沉积建造。扬子克拉通盆地中广泛沉积了黑色页岩及磷块岩，表现为最大凝缩层沉积特征，形成了南方下古生界的主力烃源岩。

震旦纪到早寒武世的筇竹寺期也是扬子碳酸盐台地产生和增生扩大期。扬子碳酸盐台地在前震旦纪业已萌芽，晚震旦世陡山沱期，南方碳酸盐台地开始发育，到了晚震旦世的灯影期，海侵进一步扩大，古地形和古气候都发生了显著变化，碳酸盐台地面积逐渐扩大，进而发展为鼎盛时期。震旦纪末"惠亭运动"使湖北中部上升，形成鄂中岛（湖北省地质志，1987），由于房县-襄樊-广济深大断裂的影响，使扬子北缘不可能发育缓坡，而扬子板块的南缘由于构造背景日趋稳定，缓坡发育，扬子区具缓坡沉积模式特征。

早寒武世梅树村期是灯影期台地的继承和发展。早寒武世伊始，由于海平面的迅速上升，梅树村期扬子碳酸盐缓坡的沉积相已开始表现为逐渐淹没过程，扬子板块东南部全被硅质岩所覆盖，沉积物以灰黑色薄层硅质岩、泥质硅质岩夹结核状磷块岩为特征（图 2－5），含放射虫、海绵骨针等较深水化石，表现为深水缓坡至陆坡的沉积特征，在野外露头上显示该层位的

图 2－5 早寒武世梅树村期中下扬子区岩相古地理分布图（据蒲心纯等，1993，修改）

1. 灰岩相；2. 硅质岩相；3. 磷块岩-灰岩-硅质岩相；4. 页岩-硅质岩相；5. 磷结核、磷块岩-页岩-硅质岩相；6. 磷结核、磷块岩-硅质岩-泥岩相；7. 白云岩相；8. 鄂中岛；S11. 下斜坡；S1u. 上斜坡；GFS. 缓斜坡；S. 台内浅滩；TF 潮坪；IP. 孤立台地；S1. 大陆坡；Sra. 浅水缓坡；Dra. 深水缓坡

磷结核、硅质岩—泥岩相沉积(图 2－6)。区域上沉积厚度向北西方向逐渐减薄,显示区域构造背景开始从裂陷拉张过渡到区域性差异沉降。

图 2－6　早寒武世梅树村期随州市柳林镇杨家堡组灰黑色硅质岩

筇竹寺期,由于全球海平面上升,在海面上形成极高的有机质生产率,水体相对宁静,海水中含氧量降到最低限度,产生了明显的全球缺氧事件,整个碳酸盐缓坡为黑色页岩覆盖,成为典型的淹没台地。中扬子区被川滇古陆提供的陆源碎屑覆盖,形成由西北向东南微斜的陆源碎屑缓坡陆棚(图 2－7)。下扬子区基本上继承了梅树村期的古地理面貌,总体上仍是一个碳酸盐缓斜坡。据碳酸盐夹层的同位素资料(周浩达等,1991),$\delta^{13}C$ 负值很大,在－11.8‰～－15.11‰(PDB),$\delta^{18}O$ 为－4.45‰～－5.34‰(PDB),表明碳酸盐是在无氧环境中,由细菌氧化有机质形成,反映出沉积盆地中为盐度相对偏高的滞流缺氧环境。

震旦纪到早寒武世的裂陷作用,在扬子板块的东南缘及扬子板块的北侧都发育裂陷构造,但中、下扬子的构造发育还是有些差别:①在中扬子的北侧由于扬子板块与华北板块之间的拉张作用形成了秦祁洋,发育了大陆坡及孤立台地相沉积,而在下扬子板块的北侧没有形成像中扬子那样的洋盆,它以郯庐断裂与华北板块相接,此时的华北板块为郯庐断裂的上盘(乔秀夫、张安棣,1992);②在扬子板块内的构造也存在些差异,中扬子地区在早寒武世早期仍存在着鄂中古陆没有接受沉积,围绕鄂中古陆形成了潮坪相沉积,而下扬子碳酸盐岩台地的形状是以巢县—句容—泰县为轴,其两侧为缓坡成条带状分布,发育了台内浅滩和两侧的缓坡相;③扬子板块的南北两侧其构造演化也存在差异,中扬子区的北侧从震旦纪到早寒武世早期一直处于裂谷拉张期,而整个扬子板块的东南缘从早寒武世开始已由裂谷拉张期向被动大陆边缘初期快速热沉降转化,加之全球海平面上升,从而导致中下扬子碳酸盐台地从梅树村期至筇竹寺期表现为缓坡到被淹没的过程,整个碳酸盐台地为黑色页岩所覆盖;④扬子板块北缘无缓坡发育而南缘发育缓坡。

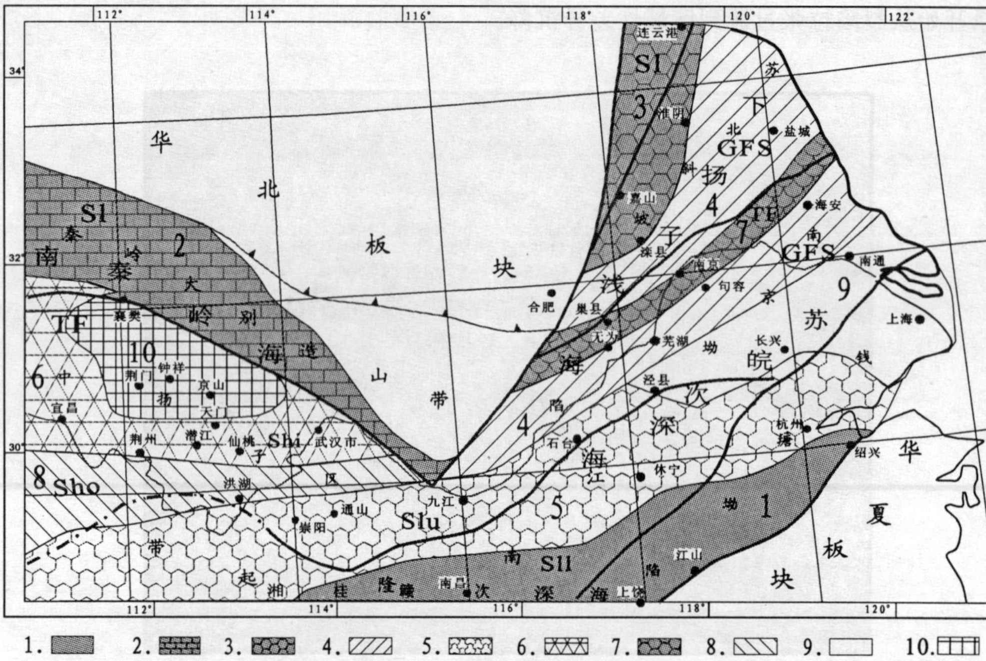

图 2－7 早寒武世筇竹寺期中下扬子区岩相古地理分布图(据蒲心纯等,1993,修改)

1. 硅质岩-碳质页岩相;2. 凝灰岩-硅质岩-碳质页岩相;3. 磷结核-碳质页岩-硅质岩;
4. 泥岩-泥灰岩-碳质页岩相;5. 磷结核、粉砂质页岩-碳质页岩相;6. 灰岩-碳质页岩相;
7. 粒泥白云岩-叠层石白云岩;8. 灰岩、碳质页岩-页岩相;9. 泥岩-灰岩-泥灰岩相;10. 鄂中岛;
Sl. 大陆坡;Shi. 内陆棚;Sho. 外陆棚;Sll. 下斜坡;Slu. 上斜坡;GFS. 缓斜坡;TF. 潮坪

二、裂谷—克拉通—被动大陆边缘盆地发育阶段($\in_1c$—O_1)

从早寒武世中期(沧浪铺期)开始,地球动力学环境由伸展作用转变为以热沉降作用为主,江绍转换断层的强烈左行运动这时也终止(夏邦栋,1998)。寒武纪垂直差异运动幅度明显减小,地貌上的隆—凹格局开始消失(赵宗举等,2003),扬子东南缘转变为向南东缓倾斜的斜坡带。位于襄广-郯庐断裂和三都-大庸断裂-江南断裂一线之间成为中下扬子地区内克拉通盆地,沉积的主要是台地相内源碳酸盐岩。三都-大庸断裂是湘桂克拉通边缘(裂陷)盆地与扬子克拉通盆地的边界断裂,早寒武世中、晚期之前为主要活动时期,控制了台缘斜坡带的发育。早寒武世中期后,断裂没有明显活动,同时,由于海平面主体下降开始,随碳酸盐的进积作用,台缘斜坡带不断向东南方向推进。三都-大庸-江南断裂一线以南至江绍断裂之间的扬子东南大陆边缘已演化成较为典型的湘桂被动大陆边缘盆地,主要沉积的是斜坡—次深海盆地相的钙屑浊积岩和碳质页岩、泥灰岩,因其西侧基本是一碳酸盐台地,所以不可能供应更多的陆源物质。江绍断裂以南为华南裂陷洋盆,其沉积和生物面貌与扬子地块迥然不同,主要是一套巨厚的含火山碎屑的陆源浊积岩和钙质板岩、页岩,以浮游生物为主,其物源来自东侧的华夏古陆。扬子北缘大陆边缘的南秦岭区继震旦纪形成裂谷盆地后,裂谷作用并未使其继续发育成如扬子东南大陆边缘那样的地貌上较为均一、伸展断层不发育的成熟大陆斜坡,总体上仍表现为受沉积断层控制形成的隆-凹格局的裂谷型(环境)地貌,仍然属于裂谷盆地。

中下扬子地区在早寒武世的中期(沧浪铺期)到早奥陶世期间,大的构造背景由早期的拉张伸展环境向热沉降过渡，也反映在沉积环境和沉积相的发育上。早寒武世沧浪铺期，中扬子地区由筇竹寺期的陆缘碎屑陆棚发育为碳酸盐略占优势的混积型缓坡沉积，而下扬子地区可能仍旧保持为碳酸盐缓坡沉积。早寒武世晚期的龙王庙期，经过沧浪铺期的过渡，整个扬子区已逐渐发展为巨大的扬子碳酸盐缓坡。中扬子区主要为一个浅水缓坡，岩性较为单一，主要为云质灰岩、灰岩相。下扬子变化不大，只是巢县—句容—泰县一带由潮坪相发育为开阔台地相。中寒武世的扬子台地由龙王庙期的碳酸盐缓坡发展为镶边和加积边缘型台地，巨大的扬子碳酸盐台地已基本定型。鄂中地区主要为局限台地，沉积物反映相对海平面下降，水体变浅，代表炎热干旱的气候。下扬子台地呈北东向展布，古气候不如上中扬子炎热干旱，未形成膏岩沉积。晚寒武世基本上继承了中寒武世的岩相古地理格局，扬子区仍为巨大的镶边碳酸盐台地。早奥陶世早期的两河口期，中下扬子地区仍处于扬子地台及其被动大陆边缘的古地理格局。在经历了寒武纪末的抬升之后，扬子区发生了早奥陶世的马豆克期海进。下扬子区与晚寒武世相比，原来的苏北大陆坡相和沪杭地区的孤立台地都发育为开阔台地相，而原来的局限台地相发育为台地边缘浅滩相。中扬子区主要由原来的局限台地相过渡为台地边缘浅滩相(蒲心纯等，1993，图 2-8)。

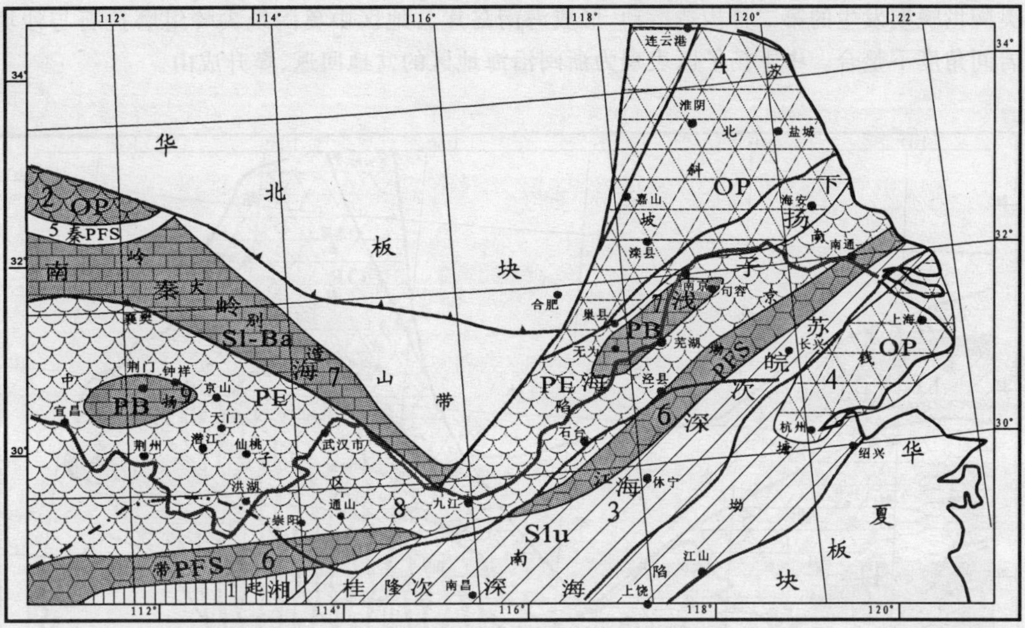

图 2-8　奥陶纪两河口期中下扬子区岩相古地理分布图(据蒲心纯等，1993，修改)

1. 泥岩-页岩-泥灰岩相；2. 白云岩-云质灰岩相；3. 泥岩-钙质泥岩-页岩相；4. 灰岩相；5. 角砾灰岩、灰岩相；6. 页岩、灰岩-角砾灰岩相；7. 灰岩-页岩相；8. 白云岩、灰岩-颗粒灰岩相；Sl-Ba. 大陆坡-次深海；OP. 开阔台地；Slu 上斜坡；PB. 台盆(沟)；PE. 台地边缘浅滩；PFS. 碳酸盐台地前斜坡

三、被动陆缘—克拉通—前陆盆地发育阶段(O_2—S)

奥陶纪开始，华夏板块开始沿江绍断裂右行走滑并向北西漂移，与扬子板块逐渐靠近，导致华南盆地脉动式收缩，引起幕式运动(夏邦栋，1998)。发生于寒武纪和奥陶纪之间的第一幕

称郁南运动，与华南盆地沿武夷—云开带北西侧向南东俯冲有关，造成云开地区隆升及武夷—云开带中酸性岩浆活动、混合岩化，但俯冲作用没有形成发育良好的沟-弧-盆系。此幕在中下扬子区没有造山，只是在局部地区隆起，形成局部平行不整合。

早奥陶世晚期陆间新生洋壳向华夏、华北陆块下俯冲(程裕淇等，1994)，中奥陶世华夏陆块首先向北仰冲，并推动扬子陆块向北漂移。因此陆块南北边缘带快速沉降，广大浅水区台地边缘很快沉降到深水环境下，发育成远源深水非补偿的前陆盆地(张文荣等，1990)，接受了深水黑色碳质岩、硅质岩为主的沉积，而近南、北陆块物源区则发育 1 000～3 000m 巨厚的砂泥质碎屑岩。与早奥陶世的两河口期相比，牯牛潭一庙坡期开阔台地相有所增加，台地水体明显变深，台缘边缘浅滩相消失，表现出沉没碳酸盐台地的特征(图 2-9)。中下扬子区在南部华夏板块仰冲推挤的作用下，其本身也向华北板块俯冲。由于中扬子与华北板块间有南秦岭洋相隔，而下扬子与华北板块间直接接触，这就造成扬子板块在向华北板块俯冲时，中扬子区比下扬子区俯冲变动更大，这一点从沉积相上也可以反映出来。中扬子区由于南北两侧的闭合造山耦合作用，陆表海演化为动荡的浅水广海陆棚环境，沉积了一套浅紫灰绿灰色中厚层状瘤灰岩(图 2-10)，反映较为动荡的水环境。而下扬子的牯牛潭组和庙坡组含大量页岩，甚至碳质页岩，以较静水的水平纹层为特色，显示出局部闭塞和滞留的沉积环境特征(刘宝珺，1993)。中奥陶世晚期发生的第二幕构造运动，形成海南岛崖县地区中奥陶统尖岭组磨拉石与沙塘组页岩间角度不整合。中下扬子区表现为浙闽沿海地区的盆地回返、隆升成山。

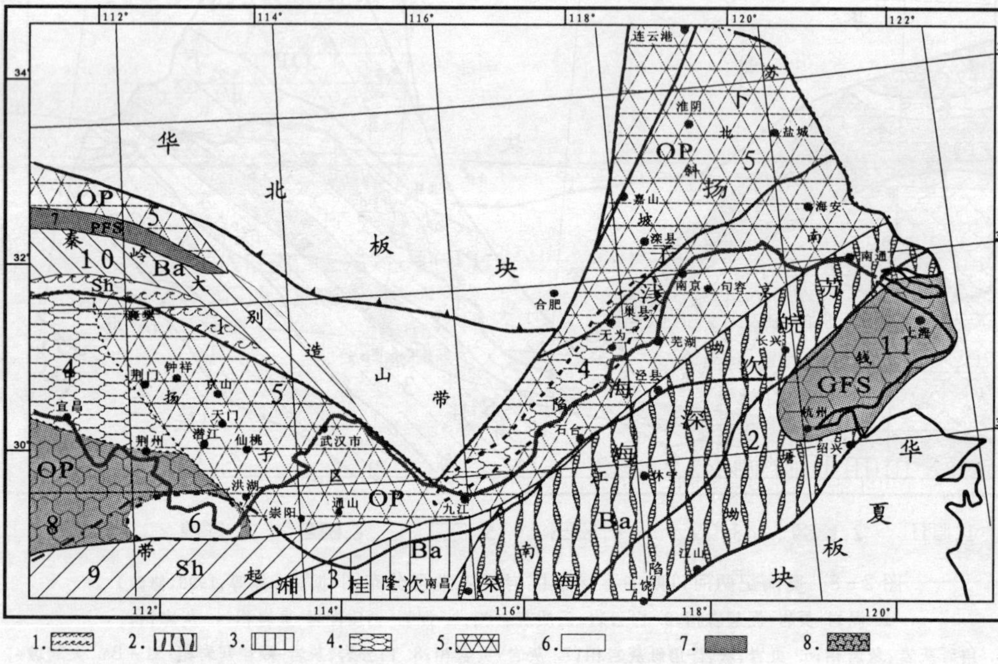

图 2-9 中奥陶世牯牛潭期-庙坡期中下扬子区岩相古地理分布图(据周名魁等，1993，修改)

1. 细砂岩-页岩相；2. 页岩-硅质岩相；3. 页岩-碳质页岩相；4. 泥岩-灰岩相；5. 灰岩相；6. 颗粒灰岩、灰岩-泥岩相；7. 角砾灰岩、灰岩相；8. 灰岩-瘤状灰岩相；9. 页岩-粉砂质页岩相；10. 泥岩相；11. 灰岩-泥灰岩相；OP. 开阔台地；Ba. 次深海；Sh. 陆棚；PFS. 碳酸盐台地前斜坡；GFS. 缓斜坡

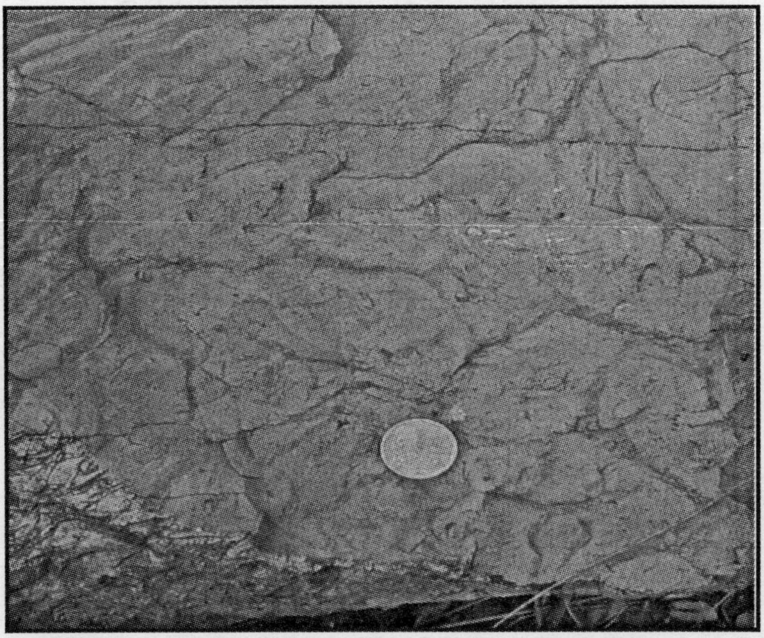

图 2－10　京山县城南宝塔组瘤状灰岩反映较为动荡的水环境

从晚奥陶世五峰期开始，浙西地区形成前陆盆地，堆积浅水陆屑复理石，物源主要来自中奥陶世晚期隆升的浙闽沿海山地。扬子沉积区进入以碎屑岩沉积为主的陆棚—浅海演化阶段，经历了五峰期陆棚内深盆、龙马溪期深水到浅水陆棚、石牛栏—秀山期浅水陆棚、晚志留世滨岸浅海等演化，志留纪末扬子沉积区绝大部分地区上升成陆。五峰期也是扬子沉积区基底变形发生重要转变时期。五峰期开始，整个中下扬子区总的表现出自东南向西北逐渐变深的趋势（图 2－11），这种趋势在中扬子区可能比下扬子区更明显一些。从五峰期开始，由于华夏板块向扬子板块的仰冲作用，位于华夏板块和扬子板块之间的华南洋在这种作用下便开始褶皱、隆升成陆。这种褶皱隆升作用随着华夏板块向扬子板块的仰冲越来越强烈，直至形成现今的江南隆起。由于中扬子区和下扬子区古地理位置的不同（与江南隆起带接触的范围不同），所以江南隆起对中下扬子地区的影响也应该不同。由于中扬子区的整个南部边缘都与江南隆起接触，而下扬子区只有在浙皖一带，即下扬子区的西南部分与江南隆起进行部分接触，所以江南隆起的隆升作用给中扬子区造成的影响要大于下扬子区。这也是为什么中扬子区在志留纪末时南北水下肩部隆起褶皱，形成近东西向古构造体系，即"两隆一凹"的古地理格局（马文璞等，1995）；而下扬子区只在西南形成局部的隆起，即"南台北盆"的构造格局。

同时需要强调的是早志留世的龙马溪期是区域挤压阶段最强烈的时期。华南洋成为褶皱带并产生强烈的向北西方向推挤，扬子周边可能稍有上升（周名魁，1993），形成中下扬子区最大面积的局限滞留环境。沉积了大面积的陆棚内盆地相的黑色页岩，构成了志留纪最优质的一套区域性烃源岩（图 2－12）。

总之，发生在早古生代中晚期的加里东运动对南方构造演化产生了深远影响，它使华夏板块和扬子板块形成统一的华南板块，奠定了晚古生代陆表海演化的基础。它产生了一系列NE—NEE 向断裂构造和古隆起，控制了晚古生代构造演化的方向，并形成华南地区下古生界

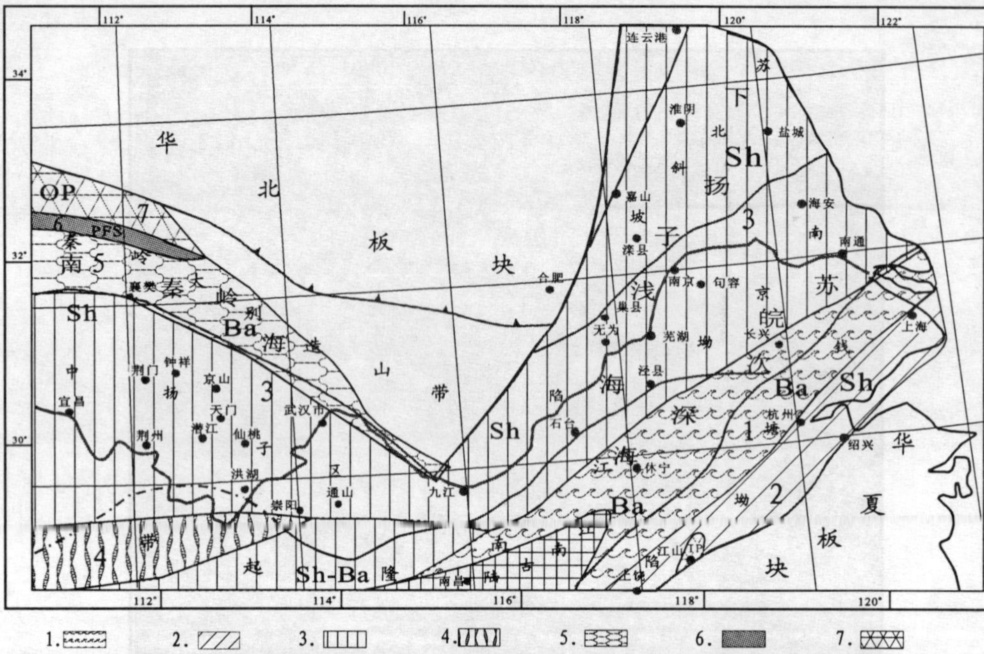

图 2-11　晚奥陶世五峰期中下扬子区岩相古地理分布图(据周名魁等,1993,修改)

1. 砂岩-泥岩相;2. 泥岩、长石石英砂岩-钙质泥岩相;3. 页岩-碳质页岩相;4. 页岩-硅质岩相;

5. 泥岩-灰岩相;6. 角砾灰岩、灰岩相;7. 灰岩相;Ba. 次深海;Sh. 陆棚;PFS. 碳酸盐台地前斜坡;

IP. 孤立台地;Sh-Ba. 陆棚-次深海;OP. 开阔台地

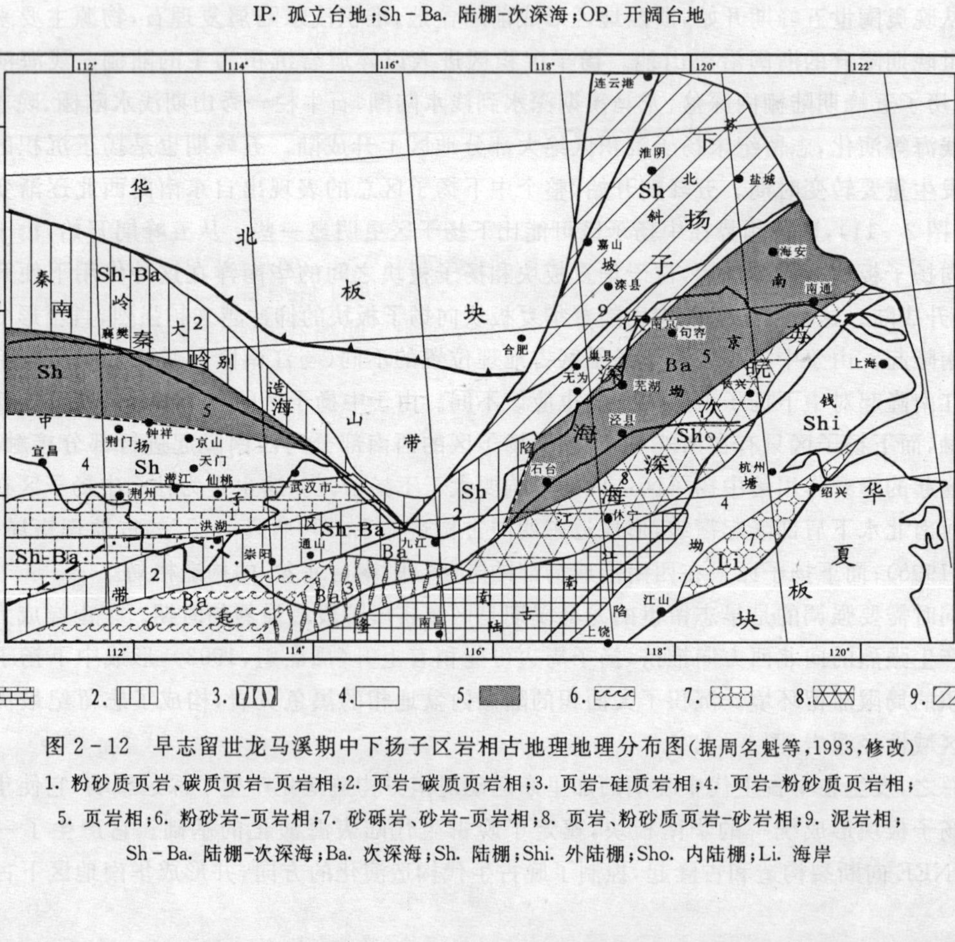

图 2-12　早志留世龙马溪期中下扬子区岩相古地理地理分布图(据周名魁等,1993,修改)

1. 粉砂质页岩、碳质页岩-页岩相;2. 页岩-碳质页岩相;3. 页岩-硅质岩相;4. 页岩-粉砂质页岩相;

5. 页岩相;6. 粉砂岩-页岩相;7. 砂砾岩、砂岩-页岩相;8. 页岩、粉砂质页岩-砂岩相;9. 泥岩相;

Sh-Ba. 陆棚-次深海;Ba. 次深海;Sh. 陆棚;Shi. 外陆棚;Sho. 内陆棚;Li. 海岸

加里东褶皱带及发生大规模花岗岩侵入。加里东运动在扬子区主要表现为整体抬升与少量剥蚀，形成“大隆大坳”构造格局。在华南区则表现为褶皱冲断与变质。当时已经形成了江南隆起（张国伟等，1988）、黔中隆起（张书元等，1987）、乐山-龙女寺隆起（刘特民，1987）及宁巢台隆。在这些隆起带核部的下古生界均遭受不同程度剥蚀（康义昌，1988）。隆起带之间则为湘鄂西坳陷及钱塘坳陷等下古生界深埋坳陷带。大致以江南隆起带为界，其北的扬子区表现为泥盆系与志留系之间的平行不整合，其南的华南区则表现为上古生界与下古生界之间的角度不整合接触。

四、被动陆缘——克拉通盆地发育阶段（D—T_2）

晚古生代至中三叠世时期南方各块体处于古特提斯构造域中，总体表现为张裂的构造环境（江苏省地质矿产局，1984），其大的构造背景是海西运动。海西期的沉积是在加里东末期所形成的古构造、古地理格局上进行的，因而严格受基底条件的控制。在经历了早古生代加里东期的初始沉降（Z_1）—稳定沉降（Z_2—O_1）—盆地转化消失（O_2—S）的构造演化过程后，中下扬子地区进入了以多期次的升降运动为主的海西期构造旋回，其构造演化特征与加里东运动具有类似的特点，即经历了泥盆纪—早石炭世的初始沉降，晚石炭世—二叠纪的广泛沉降以及早三叠世的盆地转化消失过程。

1. 泥盆纪构造发育

在经历了志留纪末的隆升之后，中下扬子地区曾长时间暴露于地表，这种现象一直持续到中泥盆世的晚期，因此中下扬子地区缺失部分晚志留世及早—中泥盆世的地层。中泥盆世晚期是泥盆纪最大海侵的开始，中下扬子地区开始接受新的沉积。

加里东运动后，中扬子区基本继承了“两隆一坳”的古构造格局（马文璞等，1995）。早泥盆世北缘东秦岭造山带还未完全封闭的海槽重新打开（杨志华等，1999），开始了中扬子地区北部边缘的海侵。中扬子内部在泥盆纪期间属于陆内坳陷盆地，主要分布于鄂西。其南界为江南断裂带，西邻上扬子古陆，北部和东北部无明显的盆缘断裂活动，东部与下扬子泥盆纪沉积盆地相连，形成椭圆形的地势平缓的陆内坳陷盆地。中泥盆世晚期由于海侵向北扩大，越过江南古陆，于常德、安化、沙坪一带形成通道，与华南海相连形成了碎屑岩为主的滨岸浅海环境。古地形由北向南缓倾，沉积厚度向南逐渐增加（图 2-13）。晚泥盆世海侵继续向北东向扩大，海水短暂达到下扬子巢湖一带，东北缘由于河流的注入，在武汉一带形成三角洲沉积，其他地区仍为前滨—近滨沉积环境（图 2-14）。泥盆纪末期发生差异升降运动，广大地区再次遭受风化剥蚀，仅局部低洼区小范围接受了厚度小于 50m 的早石炭世沼泽相碎屑岩沉积。

而加里东晚期至海西早期，下扬子地区在南挤（华夏板块的北移）北阻（已上升成陆的大别-胶南褶皱带）的区域应力场作用下抬升，缺失早—中泥盆世沉积。随后，导致盆地边界发生断裂，北沿连黄断裂，南沿江绍断裂形成陆内断陷盆地，接受晚泥盆世五通群的陆相沉积。该盆地具有右旋走滑断陷性质，造成盆地内部 NE、NNE 向构造沉积分异，该区晚泥盆世观山期的沉积等厚图（图 2-15）清楚地表明了该沉积盆地内存在有斜列的二隆三坳的构造沉积分异。该期冲积扇沉积主要沿南侧绍兴—江山断裂发育，表明该走滑断陷盆地构造期断陷作用具南强北弱特点。观山期盆地南部发育冲积扇，中部为辫状河沉积，北部则以曲流河沉积为特征。坳陷区中沉积厚度明显增大，到晚泥盆世的后期构造活动趋于减弱，盆内次级坳陷逐渐填平补齐，沉积作用趋向稳定，盆地南部为曲流河沉积，中部主要为河漫滩沉积（徐政语等，2001）。

2. 石炭纪构造发育

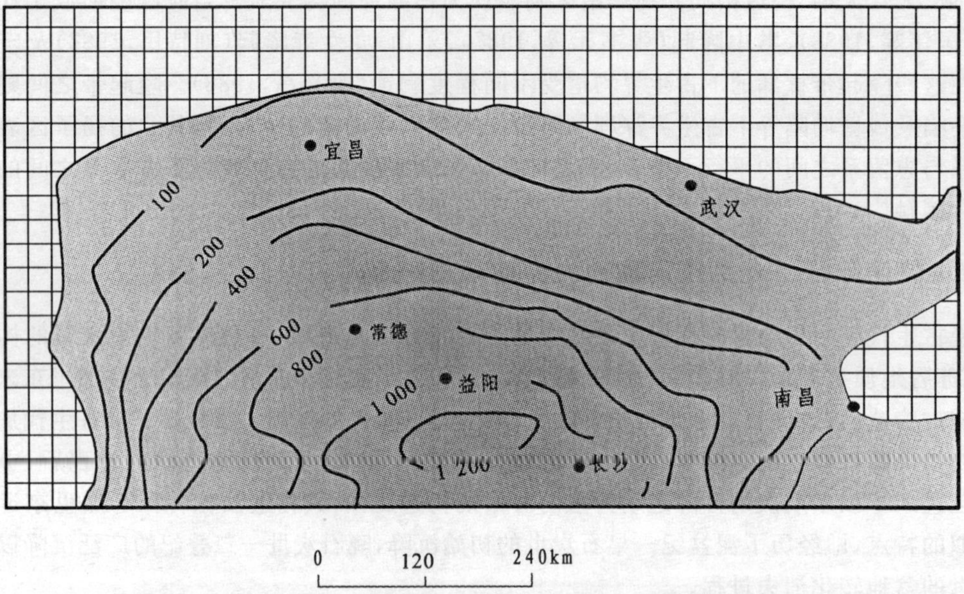

图 2－13　中扬子泥盆系沉积等厚图(单位:m)(据曾允孚等,1993)

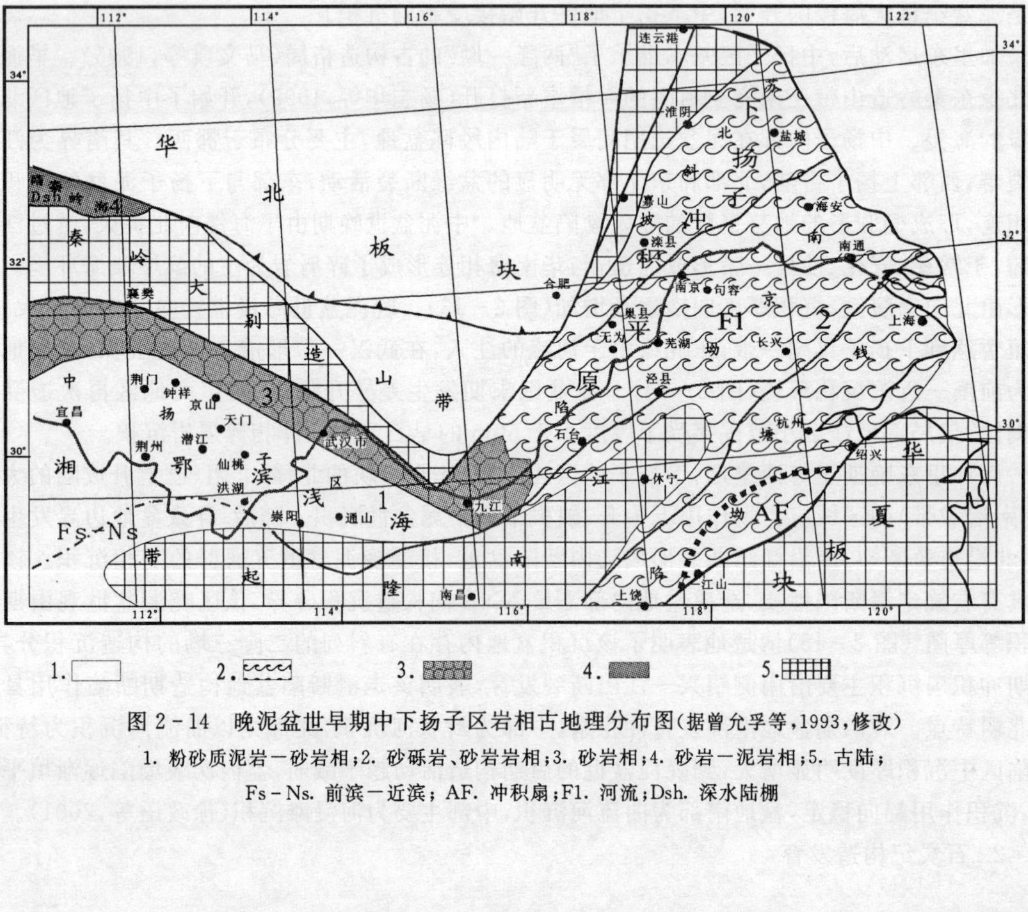

图 2－14　晚泥盆世早期中下扬子区岩相古地理分布图(据曾允孚等,1993,修改)

1. 粉砂质泥岩－砂岩相;2. 砂砾岩、砂岩岩相;3. 砂岩相;4. 砂岩－泥岩相;5. 古陆;

Fs－Ns. 前滨－近滨; AF. 冲积扇;F1. 河流;Dsh. 深水陆棚

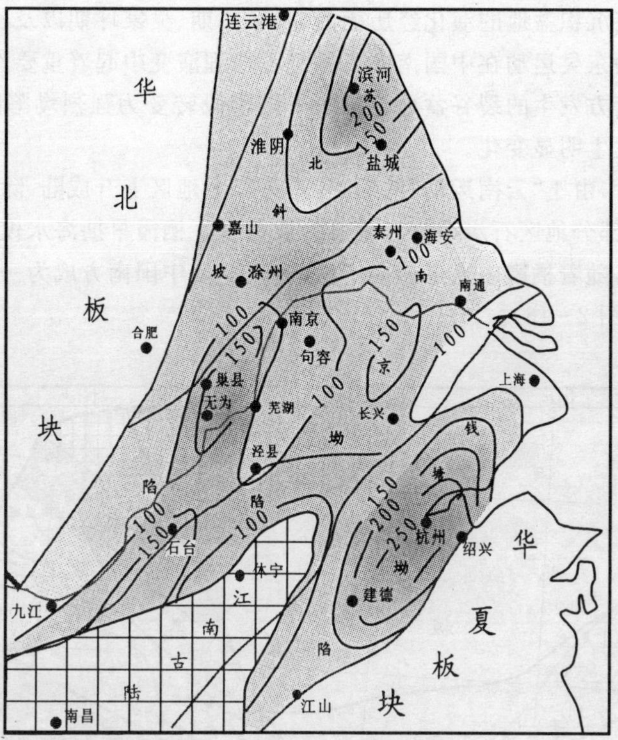

图 2-15　下扬子泥盆系上统观山台组沉积等厚图(单位:m)

(据曾允孚等,1993)

石炭纪沉积过程中,中国南方构造运动并不强烈,大的构造背景还是边缘的拉张及板内的升降运动,基本上继承了泥盆纪的沉积古地理格局。石炭纪期间中下扬子区的主要沉积单元为扬子北缘的被动陆缘、中下扬子坳陷区以及下扬子克拉通边缘断陷带。扬子北缘被动陆源带后期隆升造山,对现今的油气勘探意义不大。中下扬子坳陷区是在泥盆纪坳陷盆地上发展起来的板内克拉通盆地,地层薄,岩相稳定,从下扬子区延到中扬子区,其岩性、生物群均酷似,上石炭统的三分相序(下部潮坪相白云岩,中部台地相灰岩,上部浅滩相灰岩)全区均可对比。中下扬子陆块并非典型的克拉通,仍有一定的活动性,前人称之为“准地台”。下扬子区为稳定的沉降区,地层发育齐全,中扬子区则活动性略强,沉积期后(早、晚石炭世后期)剥蚀明显,以致地层残缺不全(冯增昭等,1998)。下扬子克拉通边缘断陷带是中扬子区所没有的构造带,由于扬子克拉通陆块边缘裂谷化、华夏板块与扬子板块斜向碰撞走滑运动所形成的复合型构造带。这里虽然奠基于晋宁期成熟陆壳之上,但由于加里东期处于板块边缘,受到强烈的改造,晚古生代初期的裂谷化又使地壳变薄,因而活动性较强,主要表现为沉降幅度较大(钱塘盆地厚达千米),火成岩活动较明显,特别是断裂带附近有火山碎屑岩,火山碎屑沉积岩和中基性侵入岩。盆地边缘还发育冲积扇、重力流等特征性沉积。早石炭世时,江南隆起为剥蚀区,并将盆地分隔为下扬子和华夏两个沉积区,扬子克拉通边缘断陷带与华夏陆块同受华夏古陆陆源区控制,为相通的沉积盆地,建造类型相同,厚度相近。晚石炭世时,江南隆起沉浸于水下,扬子、华夏沉积区沟通,扬子克拉通边缘断陷带处于过渡地带而具有过渡的性质,钱塘盆地与下扬子盆地上石炭统相似,只是厚度较大。

3. 二叠纪构造发育

中国南方二叠纪沉积盆地的演化经历栖霞期、茅口期、吴家坪期以及长兴期 4 个阶段。其中早二叠世末开始的东吴运动在中国南方二叠纪古地理演变中起着重要作用。东吴运动使晚古生代以来在中国南方发生的裂谷盆地由拉张下陷阶段转变为强烈坳陷阶段，从而使沉积物类型和沉积物性质发生明显变化。

晚石炭世沉积后，由于“云南运动”的影响，南方广大地区上升成陆，除部分地区石炭、二叠系连续沉积外，绝大部分地区石炭系与二叠系为假整合。栖霞早期海水仅局限在“江南水下隆起”以南的部分海域，随着栖霞中期迅速而广泛的海侵，使中国南方成为一片汪洋，为晚古生代以来最大海侵时期(图 2－16)。

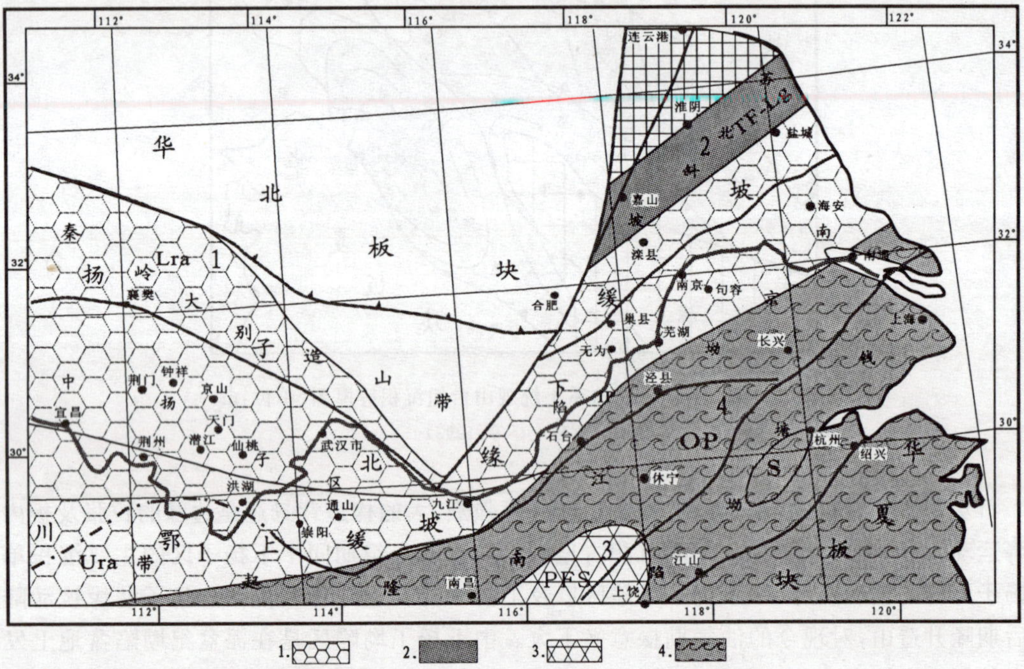

图 2－16　早二叠世栖霞期中下扬子区岩相古地理分布图(据王立亭等，1994，修改)

1. 粒泥灰岩-泥粒灰岩、硅质岩相；2. 砂岩-泥岩-粒泥灰岩相；3. 泥粒灰岩相；4. 泥粒灰岩-粒泥灰岩相；OP. 开阔台地；S. 浅滩；Lra. 下缓坡；Ura. 上缓坡；TF－Lg. 潮坪-泻湖；PFS. 碳酸盐台地前斜坡

茅口期总的来说是一个海退期，也是一个地壳活动性增强、活动差异性明显的时期。茅口期海底地形差异明显，各个地区的岩性、岩相、生物群及地层厚度亦不同。

早二叠世之末的东吴运动使中国南方古地理格局发生了重大改变，表现为古陆增多，火山活动加强，早古生代留下来的钦防海槽封闭和黔桂盆地进一步沉陷(冯增昭等，1997)。吴家坪期是中国南方海侵时期，是茅口末期的海平面下降事件的回返，也是晚二叠世中国南方扬子区持续海侵的序幕。它不仅奠定了该区晚二叠世古地理轮廓，而且也翻开了盆地转换新的一页。主要表现在：①虽然海平面上升未能使东吴运动产生的各大古陆淹没，但使克拉通内的孤立台地缩小，钦防走滑盆地向北东方向扩展；②随着海平面回升和构造活动加强，使部分盆地性质发生了转变，如右江地区由早二叠世的被动陆缘裂谷盆地变为弧后裂谷盆地；③海平面上升使全区由于前期构造运动隆升出海面的古陆剥蚀下来的陆源物质有了足够的可容纳空间接受其堆积，从而使晚二叠世的扬子克拉通以陆源碎屑与碳酸盐混合沉积为主体，而华夏克拉通边缘基本上以陆源沉积建造占绝对优势(王立亭等，1994)；④吴家坪期河湖沉积、滨岸沉积、三角洲沉积发育，也是成煤的主要时期(王成善等，1999)。

在吴家坪晚期海侵的基础上，长兴期海侵范围逐渐扩大，陆地及陆源碎屑沉积范围缩小，碳酸岩台地和盆地沉积范围拓宽，加之地壳活动性及活动分异性加强，故台、盆的分异更加明显。长兴期古地理格局和沉积相带展布大致和吴家坪期相似，同时，长兴期也是中国南方二叠纪生物礁最发育的时期。

4. 早、中三叠世构造发育

早三叠世中扬子地区受华南陆块西部古特提斯洋板块及东部古太平洋板块的俯冲作用和北部华北陆块向南仰冲、郯庐大断裂的调节与转换等众多因素耦合影响(傅昭仁等，1999；刘和甫等，1999)，晚古生代—早中生代发育的秦岭海槽开始闭合，中扬子区北缘华北陆块南缘逐步隆升，并不断向南推进。中扬子区南北边缘转化为远源前陆浅海盆地，发育一套薄板状泥灰岩至膏云岩沉积建造系列，成为上、下组合较有利的油气盖层。而江南隆起南缘则强烈隆升、海水后撤，地层减薄，相变为砂泥岩，仅湘赣海槽区发育有类似江汉坳陷的沉积建造系列。中三叠世北缘秦岭海槽闭合造山，中国大陆基本形成。东秦岭前陆盆地继续南移，中扬子地区东部进一步压缩变窄，研究区中部充填了一套海陆交互相的厚层状残余内陆海红色长石砂岩及含火山质碎屑岩。中三叠世末印支造山活动基本结束了中扬子地区海相沉积历史，地层总体褶皱，形成北西—北西西向构造体系，并叠加于加里东造山期形成的构造体系之上(马文璞等，1995)。

下扬子区早三叠世仍处于扬子板块相对统一的稳定环境，海相灰岩广布全区，西部有少量泥灰岩，东部发育缅状灰岩。至中三叠世，下扬子板块朝北北西方向运动，与华北板块靠拢。尔后，两板块随着前缘的局部对接而逐渐抬升，下扬子区海水变浅，发育灰岩和膏岩，沉积范围局限于现长江两岸的北东向条带内。至中三叠世晚期(拉丁期)，全球性的拉丁期大海退使海水从中国南方东部大部分地区逐渐退出，海相沉积仅发育于中扬子地区，黄马青期下扬子已基本转为陆相沉积(图2-17)，只局部地区为海相。

图2-17　下扬子区棒槌山中三叠世黄马青组紫红色粉砂岩

第三节 印支、燕山及喜马拉雅期陆相盆地的形成与演化

一、印支期(T_2—T_3)构造演化特征

随着华南板块向北俯冲，华南板块与华北板块逐渐靠近，使南秦岭海日趋萎缩至消亡。华南板块与华北板块沿秦岭-大别-苏鲁造山带由东向西的"剪刀式"拼合(殷鸿福，1982；吴汉宁等，1990；刘育燕等，1993)及陆—陆碰撞，古地磁、同位素年龄及沉积响应资料表明大致于中—晚三叠世末全面碰撞拼贴成相对统一的中国大陆(殷鸿福，1982；吴汉宁等，1990；刘育燕等，1993；赖旭龙等，1995；李曙光等，1989；董树文等，1994)。除此之外，由于三江地区古特提斯的封闭和古西太平洋由晚古生代后期—中三叠世的拉开及中三叠世末转为沿台湾大南澳蛇绿混杂岩带向中国东南部的俯冲作用(江苏省地质矿产局，1984；朱光等，1998)，造成了华南地区印支期构造环境的转变。中—晚三叠世印支运动使中国南方构造格局和性质发生了巨大变化，主要表现在：①华北、秦岭-大别、华南等地区全部拼接在一起，基本结束了海相沉积环境；②三江地区随着甘孜-理塘洋盆、金沙江-哀牢山洋盆、昌宁-孟连洋盆的闭合，使保山地块、昌都-兰坪-思茅地块、越北地块、义敦地块及松潘地块重新拼贴在扬子西南缘；③沿秦岭-大别碰撞造山带两侧及扬子西南缘形成前陆盆地；④早期的同生正断层、走滑断层逆转，向冲断层转化；⑤沿秦岭造山带及扬子西缘等地区发生较强烈的中酸性岩浆活动；⑥产生大型挤压(冲断)隆-坳区。而且，由于受力部位和构造背景的差异，印支运动在南方的表现形式呈现出明显的地区差异性。赵宗举等(2003)认为，江南隆起带以南的华南地区上古生界普遍褶皱及冲断，而江南隆起带以北的扬子区则整体抬升、遭受少量剥蚀，造成上三叠统与下伏地层的接触关系表现为江南隆起带以南为角度不整合，江南隆起带以北为平行不整合及整合。形成了以秦岭-大别-胶南造山带、泸州-开江隆起、江南隆起带、武夷-云开隆起带为相对隆起区，其间为相对坳陷区的"大隆大坳"构造格局。

然而有的学者也认为印支运动对南方的影响并没有那么强烈，中生代地层的褶皱主要为燕山期的产物。第三十届国际地质大会论文选摘中题为《华南地区不存在印支碰撞造山带》、桂林工学院隐伏矿床预测研究所的郭福祥的《关于华南东部的印支运动》和湖北省地勘局的左文超的《论印支运动在湖北境内表现特点—兼论省内盖层褶皱形成主要时期》文章等曾讨论过这个问题。印支运动在地处扬子地区的湖北省境内不是以水平(侧向)挤压为主的褶皱造山运动，而是表现为不均衡垂直升降为主的造陆运动(左文超，2000)。笔者综合各种资料分析认为震旦系以来沉积盖层的褶皱主要是在燕山运动时期形成的。在湖北省内所见中生代白垩纪下部地层均为类磨拉石建造(鄂东还见有中酸性火山岩建造)，它与下伏地层为明显的角度不整合接触。此外，中侏罗世—白垩纪期间，伴随地层褶皱、断裂发生，中、酸性岩浆活动在鄂东、鄂南、鄂北等地区强烈、频繁，并有成矿作用发生，这都表明发生在侏罗纪末—白垩纪初的燕山运动，在湖北省境内具强烈造山运动性质。这场运动使扬子准地台盖层广泛褶皱转变为台皱带(郭福祥，1998)。所以，中下扬子区乃至整个中国南方在印支运动期间主要表现为差异的升降运动即造陆运动。虽然中下扬子区的华北、秦岭-大别、华南等地区在此期间拼接在一起形成边缘造山运动。同时形成沿秦岭-大别碰撞造山带两侧及扬子西南缘的前陆盆地，但这种造山运动并没有造成中下扬子区地层的强烈挤压褶皱，中下扬子地区含油气构造的破坏更多的是

发生在燕山期。

二、燕山期及喜马拉雅期构造演化特征

作为整个华南板块的一部分，中下扬子区在燕山及喜马拉雅期与华南板块具有统一的动力学背景和相似的构造演化特征。但是由于受力背景、古地理等的差异，二者之间乃至中、下扬子区之间可能存在演化上的差异。

1. 晚印支—燕山早期(T_3—J_2)华北—华南板块拼合、古特提斯封闭与前陆盆地形成阶段

印支运动后，尽管华南板块和华北板块已经拼合，但它们并未完全形成具同一动力学机制的统一板块，各自仍具有很大活动性。据古地磁资料(左文超，2000；吴汉宁等，1990；刘育燕等，1993)，大约到侏罗纪，两大板块的古地磁极和视极移曲线才达到一致，表明两大板块于侏罗纪后才全面拼合(赵宗举等，2003)。该时期华南板块继续向华北板块之下俯冲，陆—陆碰撞造成秦岭-大别-胶南造山带隆升。造山带南侧在古生代被动大陆边缘上形成了一条以四川、江汉、沿江盆地(望江、无为、南陵盆地等)和苏北盆地为代表的扬子板块北缘前陆盆地带，沉积以上三叠统—中、下侏罗统磨拉石粗碎屑岩为代表(不整合覆于老地层之上)，下扬子区以晚三叠世范家塘组(T_3f)和早、中侏罗世象山群($J_{1-2}x$)沉积为代表(董树文等，1994)。造山带北侧发育了华北板块南缘类前陆盆地带，以合肥-周口盆地侏罗系沉积为代表(吴汉宁等，1991)。这一时期除秦岭-大别-胶南造山带、云开隆起、龙门山及哀牢山等强烈造山隆升及剥蚀以外，江南隆起及武夷隆起并未发生大规模隆升，甚至其上还沉积了下侏罗统。

此时，中扬子地区北缘东秦岭造山带地层强烈变形、褶皱、隆升，并向南扩展，中扬子地区海盆古隆起也因此进一步褶皱、隆升、剥蚀。晚三叠世—侏罗纪，中生代前陆盆地范围逐渐萎缩、沉积中心西移，分化为利川、秭归、当阳、沉湖等四个坳陷型内陆淡水湖沼含煤盆地(徐政语等，1996)。

而在下扬子地区则形成对冲构造格局。晚印支至早燕山期间，下扬子板块与华北板块发生陆—陆碰撞，下扬子地区处于强烈的挤压应力环境，先前的正断层反转形成逆冲断层及其相关褶皱。在铜陵—南京—南通一带为对冲挤压中心，北部冲断构造由北西往南东逆冲，南部由南东往北西逆冲，并在对冲中心接受中—上三叠统黄马青群沉积，形成对冲周缘前陆盆地(常印佛等，1991)。

2. 燕山中期(J_3—K_1)压扭背景下的改造作用及拉分盆地形成阶段

燕山期，南方构造演化及构造格局主要受太平洋板块俯冲影响所控制。特别是晚侏罗世—早白垩世，因受库拉-太平洋板块 NNW 向快速向亚洲及中国东部大陆之下俯冲，以及由于库拉-太平洋转换断层在洋壳消减过程中伴随着洋壳的俯冲消减并快速斜向地“划过”中国东部陆壳，形成类似于安第斯型的压性陆缘弧(赵宗举等，2001)。构造分带亦与安第斯弧相似(徐嘉炜等，1987)，并产生中国东南沿海地区晚侏罗世—早白垩世的大规模中酸性火山喷发及岩浆侵入活动。该时期主要表现为强烈的挤压冲断及大规模左旋走滑，在局部地区也形成了一些拉分盆地以及反映拉张环境的“双峰式火山岩”。

据研究(刘宝珺等，1993；徐嘉炜等，1995；朱光等，1995)，郯庐断裂带的大规模左旋走滑活动即发生在这一时期特别是早白垩世，同时在渤海湾盆地—南华北—中下扬子—浙闽粤地区均发生大规模冲断及褶皱变形。南方除齐岳山断裂以西的四川盆地中生界、古生界尚未发生明显褶皱变形以外，其余地区均遭受了该期构造运动的改造并形成了中生界、古生界的强烈冲断与褶皱。江南隆起及武夷隆起此时也强烈隆升剥蚀，在江南隆起北缘产生较强烈的由南向

北的逆冲，并与扬子北缘因受秦岭-大别-胶南造山带印支—燕山期的持续造山隆升及由此伴随的由北向南的逆冲作用一起，共同形成了主要分布于中下扬子区的南北对冲构造格局(陈丕基，1988；张文荣等，1993)。江南隆起带在左旋压扭性构造应力场作用下，由江南隆起、九岭隆起及武陵-雪峰隆起之间的相对左旋运动。分别在其后缘形成拉分盆地，即鄱阳盆地、衡阳盆地及洞庭盆地。大致以郯庐断裂及江南隆起以东的扬子及华南地区，受到燕山期左旋走滑改造的影响最大。还主要受控于 NE 及 NNE 向断裂的左行压扭性活动，在产生强烈冲断的同时，因受断裂走向变化及断裂组合的控制，在断裂走向变化处如 NE 向、NNE 向"S"形断裂转折处产生走滑拉分盆地，如与郯庐断裂系有关的下扬子区的宁芜盆地(徐师文，1994)、庐枞盆地、石场-中楼盆地(姜波等，1989)及溧水-南陵盆地(周建波等，1999)。湘鄂西"S"形弧形褶皱带是燕山期左行压扭性构造改造的典型结果。

燕山中期中扬子区南部的江南隆起发生强烈褶皱、隆升，并向中扬子地区中部逆冲，发育了以会聚型走滑断裂为特征的构造样式组合，同时形成了北东向团麻、洪湖-湘阴、长(沙)平(江)及北西向安化-安仁等一系列断裂，进而使江南隆起褶皱带的构造样式及组合进一步复杂化。野外地质观察中，在中扬子南部地区的崇阳县港口乡志留纪坟头组灰黑色粉砂质泥岩中就发育了大量的共轭剪节理(图 2-18)，揭示了燕山早期的走滑构造运动特点。中扬子区北部由于华北陆块的仰冲及郯庐断裂的左行走滑运动，使南大巴-大洪山褶皱带进一步变形、隆升、拆离，并向中扬子地区逆冲、扩展，形成了一系列的逆冲-褶皱组合(图 2-19)。古生界和早中生界的海相地层也因此被强烈改造，如变形和错位，从而破坏了早期形成的原生油气藏圈闭(马文璞等，1995)。

图 2-18 崇阳县港口乡志留纪地层中发育的共轭剪节理

图 2-19　京山地区寒武纪地层形成的逆冲-褶皱

下扬子地区从燕山早期开始到燕山中期(J_1—K_1)则进入一个新的阶段——走滑引张阶段。以长江断裂为主的走向弯曲的走滑断裂系统、以郯庐断裂为主干的分支状走滑断裂系统以及青阳-广德断裂为主干的马尾状断裂系统影响和控制了 J_1—K_1 的沉积及火山岩盆地的发育和分布。同时,从 J_{1+2}沉积为主到 J_3—K_1 火山活动强烈表明,本区走滑引张活动从燕山早期到燕山中期有一个从弱到强的发展过程(任纪舜,1990)。

3. 晚燕山—喜马拉雅早期(K_2—E)伸展-裂陷盆地的形成阶段

晚燕山至早喜马拉雅期南方主要表现为张性构造环境,其原因推测与太平洋板块及雅鲁藏布江洋壳对中国陆块的俯冲所产生的弧后引张效应以及燕山期挤压冲断后的应力松弛有关。张裂环境主要在中国东部包括南方东南沿海区表现得较为明显,由西向东张裂程度逐渐加强,推测主要与太平洋板块对中国东部陆壳的 NW 向俯冲消减(其俯冲速度较燕山期减慢、俯冲角度增大)所形成的弧后拉张有关。由此形成了东南沿海区一系列箕状或地堑式断陷盆地,如苏北盆地、江汉盆地、沿江盆地、十万大山盆地、百色盆地、南宁盆地及宁明-合浦盆地等,并伴随沿张性断裂发生基性甚至超基性岩浆侵入和喷发。扬子西缘除在三江地区新生代表现出较明显的走滑拉张形成了景谷、宾川等第三纪盆地外(林鹤鸣等,1997;谭筱虹,1999),三江以东的楚雄盆地等地区在早喜马拉雅期的张裂表现较弱,推测与雅鲁藏布江(那加山)洋壳向北西侧的拉萨地块(冈底斯岩浆弧)及禅泰马地块之下俯冲引起的弧后引张的“末端”效应有关。上述断陷盆地的发生发展主要受控于早期(燕山期及更早)断裂的复活及正断裂活动,一般为早期逆冲断裂发生负反转活动所致。四川盆地因有刚性的川中陆核及陆壳基底以及其构造位置处于太平洋板块及雅鲁藏布江洋壳俯冲影响的“末端”,其早喜马拉雅期基本没有张裂表现,反而可能表现为继印支—燕山期的压性构造环境的继续,从而形成了上白垩统—下第三系坳陷型沉积。该套地层现今主要残存分布于西部龙门山—大巴山前,这是下第三纪末喜马拉雅主幕运动抬升剥蚀的结果,推测其原始沉积范围应该更大。

中扬子地区在这种伸展背景下,主要发育北东及北西向两组正断层,形成了系列盆-岭构造山链。其中著名的红盆有洞庭、鄱阳和衡阳等盆地,从而形成了中扬子地区中部的“五隆七洼”格局，改变了早期的北西向挤压期构造面貌，发展成为现今上叠的由北东东及北西向两组断裂共同控制的江汉断陷盐湖盆地（马文璞等，1995）。同时，晚燕山—喜马拉雅早期也是本区转换型构造和断块构造形成的主要时期（戴少武，1996）。由于太平洋板块向NW方向俯冲作用的加剧，西部受印度板块向北俯冲驱动的青藏板块东向蠕散作用的介入，形成本区应力环境的转换和构造的反转。一方面形成了一些新的构造型式，另一方面又对先存构造给予改造与再造（沈军等，1998）。如江汉盆地东部麻洋潭地区，早、中燕山期有过规模较大、影响范围广泛的区域性挤压、推覆活动，相应地形成了一系列逆断层。后期（晚燕山期），在总体引张或扭张背景下，构造发生反转，沿早期逆断层形成二次复张“回落”。野外地质观察中，在随州市三里岗地区见到寒武系娄山关组的白云岩推覆到上白垩统公安寨组的红色砂岩之上（图2-20），验证了华南地区在喜马拉雅晚期存在再次挤压造山的构造背景。正如上面在介绍整个华南地区燕山至喜马拉雅期的构造演化特征时所介绍的一样，在喜马拉雅晚期的渐新世—中新世时期，由于印度板块和中国板块的最终碰撞拼接，以及菲律宾板块的吕宋弧与中国板块斜向碰撞形成台湾东部利吉、垦丁蛇绿混杂岩，使南方遭受强烈挤压作用，导致下第三系伸展盆地的回返，盆地边界断层发生正反转，伸展断层转变成冲断层。

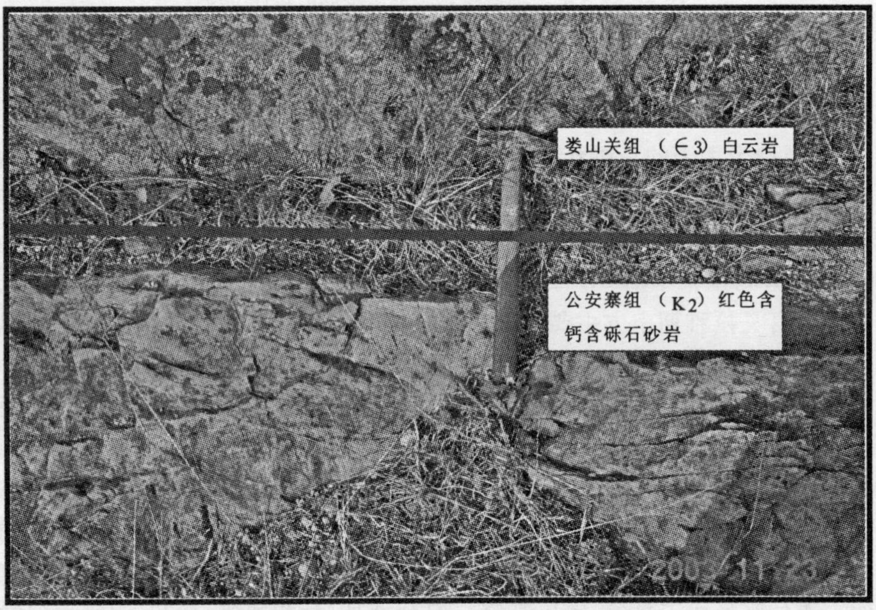

图2-20　三里岗地区寒武系娄山关组白云岩推覆到上白垩统公安寨组的红色砂岩之上

下扬子地区在燕山末期—喜马拉雅早期表现为断块差异沉降特征。到了晚白垩世，中国东部区域构造应力场发生转变（曾称为“黄桥转换事件”（Roiald，Ridway，1993）），下扬子地区由早期的挤压走滑转变为伸展断陷环境，与此伴随着一系列的伸展构造（张永鸿，1991），野外地质调查在南京湖山地区阳山碑材二叠系栖霞组中观察到了正断层（图2-21）。上白垩统浦口组为坳陷式广泛沉积，浦口期之后下扬子地区发生差异沉降，由南向北依次形成山地、丘陵、平原三级“阶梯”状地貌。据此划分出江南高断块体、苏南浙中中断块体和苏北低断块体，各块体遭受的改造分别依次以剥蚀、剥蚀与埋藏共存和深埋为特征。经中新生代不同形式的多期强烈改造，原始海相沉积盆地（郭念发等，2002；刘池洋，1993）已支离破碎，部分地区的海相地层已剥蚀殆尽，全区海相沉积建造及其烃源岩被分割成为彼此相对独立的残留沉积-构造块体。

图 2-21　南京湖山地区阳山碑材二叠系栖霞组中发育的正断层

4. 喜马拉雅晚期(N—Q)的再造山阶段

渐新世—中新世，印度板块和中国板块最终碰撞拼接，以及菲律宾板块的吕宋弧与中国板块斜向碰撞形成台湾东部利吉、垦丁蛇绿混杂岩(刘善印等，1998；Pelletier、Stephan，1986)，使南方遭受强烈挤压作用，导致下第三系伸展盆地的回返，伸展构造层被掀斜或褶皱，剥蚀强烈，形成上第三系与下第三系之间的角度不整合，这种现象在整个南方均普遍见及。同时，盆地边界断层发生正反转，伸展断层转变成冲断层，如沿郯庐断裂见五河群、寒武系等老地层推覆到上白垩统—下第三系之上，苏北盆地苏 135 井见寒武系逆冲于上白垩统之上，南陵盆地南缘泥盆系向北逆冲于上白垩统之上，金衢盆地北缘奥陶系沿常山-离渚断裂向南逆冲于盆内上白垩统之上等。

上第三纪以来，由于青藏高原的崛起，南方主要受东西向构造应力的挤压作用，造成三江地区、上扬子地区整体隆升，中下扬子区也普遍抬升，仅在相对低洼处沉积了一套以河流相为主的坳陷型披盖性沉积。这套沉积大都未受扰动，在郯庐断裂、三江地区、小江断裂等近期仍在活动的断裂带附近因受走滑作用控制形成了一些小型拉分盆地(Teng，1990)，并随后使上第三系甚至第四系遭受挤压等改造与变形。

第三章　中—古生界海相烃源岩发育特征

第一节　区域构造演化与烃源岩的发育

区域构造背景和演化与盆地的形成和演化有着密切关系，从而对沉积具有控制作用。不同的构造环境产生不同的盆地沉积样式，决定了盆地中烃源岩的发育层位和分布。扬子板块是一个介于中朝板块与冈瓦纳板块之间诸多小型板块群中的组成部分，属华南-东南亚板块（李春昱等，1980）。同世界各大板块相比，扬子板块仅相当于俄罗斯板块1/7，北美板块的1/20，非洲地台的1/28。因此，在其地质演化过程中，相邻较大板块的运动均对其有较大的影响，稳定性差，活动性强。前已述及，中下扬子区是在四种基底类型上发育起来的叠合盆地。盆地演化经历了以下六个阶段：

（1）加里东（Z_2—S）海相被动大陆边缘和克拉通盆地阶段。震旦纪早期为裂谷拉张，震旦纪晚期—奥陶纪早期为热沉降，发育克拉通被动大陆边缘海盆地，奥陶纪中期—志留纪为挠曲沉降，下扬子志留纪转为前陆盆地，中扬子没有晚志留世磨拉石沉积。

（2）海西—早印支旋回（D—T_2）阶段。下扬子为海相克拉通盆地。发育陆表海，石炭系、二叠系为滨海沼泽含煤碎屑沉积和浅海石灰岩沉积为主，三叠纪以白云质、泥质灰岩沉积为主，中三叠世后，海盆沉积才告结束。中扬子为海相被动大陆边缘和克拉通盆地，泥盆纪—石炭纪为差异沉降，二叠纪—三叠纪中期为热沉降。

（3）晚印支—早燕山旋回（T_3—J_2），同造山期前陆盆地阶段。下扬子为双边磨拉石楔；中扬子为桐柏山南缘滞后陆弧碰撞造山前陆盆地。

（4）中燕山（J_3—K_2）阶段。强烈挤压变形、抬升剥蚀、走滑，形成对冲挤压格局。

（5）晚燕山—早喜马拉雅（K_3—E）阶段。下扬子区为板内伸展构造；中扬子区为后造山期伸展构造。

（6）晚喜马拉雅（N—Q）差异升降阶段。中下扬子地区在中—古生界稳定型海相被动大陆边缘和克拉通盆地发育阶段，形成了巨厚的中—古生界沉积，岩性稳定，发育了多套有机质丰富的烃源岩沉积。主要有上震旦统、下寒武统、奥陶系、下志留统、二叠系和下三叠统六套烃源岩（周雁等，2002）。

一、中扬子地区海相烃源岩发育

中扬子地区自晚元古代形成统一的变质基底以来，海相沉积先后经历了震旦纪早期的裂谷拉张、晚震旦—早奥陶世陆表海及陆缘裂谷发育阶段、中奥陶世—志留纪陆间裂谷海槽闭合造山形成两隆—坳阶段和印支期海侵成滨海潮坪环境及形成三隆两坳阶段。根据晚震旦世—中三叠世的沉积-构造旋回特征、岩性组合特征，组成了两套与盆地形成旋回相对应的生储盖组合，即上震旦统—志留系组合(称下组合)和志留系—中三叠统组合(称上组合)(图 3-1)。

上震旦统—志留系组合(下组合)。以上震旦统陡山沱组—下寒武统和下志留统黑色泥质页岩为主要烃源层，以上震旦统灯影组、下寒武统石龙洞组为主要储层，中上寒武统、下奥陶统为次要储层，以下寒武统和志留系两套厚层泥页岩为区域性盖层。该旋回组合可划分为两套次级的正常式生、储、盖组合，即上震旦统陡山沱组(生)—上震旦统灯影组(储)—下寒武统水井沱组、石牌组(盖)(I_1组合)；下寒武统(生)—中上寒武统、下奥陶统(储)—下奥陶统大湾组至下志留统(盖)(I_2组合)。该套组合内下寒武统石龙洞组亦是良好的储层，奥陶系亦可形成自生自储式生储盖组合。

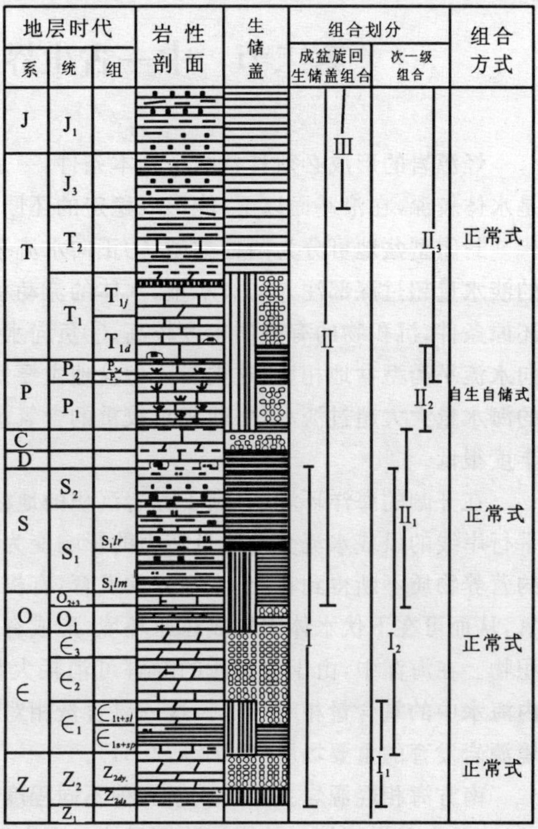

图 3-1　中扬子地区海相地层生储盖示意图

志留系—中三叠统组合(上组合)可划分为三套次级生、储、盖组合。即：下志留统(生)—石炭系(储)—下二叠统(盖)正常式组合(II_1组合)；下二叠统(生、储)—上二叠统、下三叠统大冶组(盖)自生自储式组合(II_2组合)；上二叠统、下三叠统大冶组(生)—下三叠统嘉陵江组(储)—中三叠统—下侏罗统(盖)正常式组合(II_3组合)，该组合内同时存在下三叠统自生自储形式。

二、下扬子地区海相烃源岩发育

下扬子地区自晋宁运动奠基以来，经历了漫长的演化过程，盆地结构也发生了相当程度的分化。海相沉积对应于早古生代的“一台两盆”阶段(Z_2—O_3)、晚古生代—早中生代的陆表海阶段(S_1—T_2)和印支—燕山海相盆地解体阶段(T_3—K_1)三个构造演化阶段形成了三套海相烃源岩。

震旦纪到奥陶纪，为克拉通边缘海相序列，下扬子盆地主要以一个中央台地和其两侧的深水盆地为基本构造演化模型，中央台地大致位于石台—南京一带。以开阔台地相碳酸盐岩沉积为主，台地两侧水体变深，其北为滁县海盆，其南为休宁海盆。这两个深水海盆的沉积建造以黑色泥岩、硅质岩和暗色细粉晶灰岩为主，地层中富含有机物质，为当时生油物质聚集中心，从而形成了区内第一套烃源岩系。晚古生代开始，下扬子区的“一台两盆”格局消失，代之而起的是江南隆起北部的统一的陆表海盆地，石炭系、二叠系以滨海沼泽含煤碎屑沉积和浅海石灰岩沉积为主。三叠纪沉积以白云质、泥质灰岩为主，沉积中心向苏南和黄海方向转移，直至中三叠世后，这种海盆沉积才告结束。开阔的陆表海盆形成了巨厚的上古生界沉积，岩性稳定，发育丰富的烃源岩沉积，具有良好的生油物质基础，形成了区内第二套海相烃源岩系。早三叠世初期广泛海侵，在全区发育了稳定的青龙组泥岩、钙质泥岩和碳酸盐岩沉积建造，形成了区内第三套海相烃源岩(周雁等，2002；刘宝珺等，1993)。

第二节 中—古生界海相烃源岩分布特征

烃源岩的形成必须具备两个基本条件：一是大量生物繁殖，成为油气生成的物质基础；二是水体较深，在浪基面以下，能形成稳定的还原环境。

封闭型盆地可分为两种类型：①正向水流平衡型(Positive Water Balance)盆地，表层流出的淡水量超过深部注入的盐水量，水体的流动主要发生在表层，从而使深层水发生分层，处于还原条件，沉积物的有机质丰度较高；②负向水流平衡型(Negative Water Balance)盆地，与正向水流平衡型盆地相反，这类封闭型盆地主要发育于干旱气候条件下，河流不发育，注入盆地的海水量大大超过淡水，引起相对较重的含氧水下沉，处于较强的氧化环境，沉积物的有机质丰度很低。

在开阔的海洋环境，有利于源岩沉积的地区是上涌流发育区和低氧层。海水上涌发育于平行岸线的风成水流受地球自转力的影响变为离岸流的沿岸地带。由于海水上涌，透光带中的营养物质不断得到补充，生物异常发育，有机质的生产量巨大。死亡生物的降解消耗大量的氧，从而可在下伏水体中形成还原环境，形成有机质含量较高并富含磷酸盐和铀矿物的特殊沉积物。在海洋中，由于有机质的降解可消耗大量的游离氧，在100～1 000m的中等水深范围内海水中的氧含量相对较低。这一氧含量相对较低的地带称为低氧层，低氧层是开阔海洋环境源岩发育的重要场所(费琪等,2001)。

南方海相烃源岩主要形成于五种不同程度的缺氧环境[①]：

(1)上升洋流控制的缓坡陆棚环境。下寒武统烃源岩形成于此种环境。上升洋流控制的缓坡陆棚，一般由浅水区平缓地延伸到深水区，波及的范围较广。下寒武统烃源岩形成于低纬度温暖—潮湿气候条件下，上升洋流海水通常较正常海水温度高，并携带有大量生物繁殖所需要的营养物，使表层海水中繁殖大量生物，这些生物死亡在海底并迅速大量堆积，耗尽海底水中的氧形成强还原条件，有利于有机质的进一步保存和生烃。

(2)活动大陆边缘(边缘海槽盆相区)。湘桂地块上的上古生界烃源岩形成时，具有盆台结构，盆地相区海水较深，温暖气候，有利于微生物繁殖。台地相区发育各种礁丘形成障壁，障壁阻碍水体交流，容易形成还原环境。

(3)前陆挠曲阶段形成的滞流盆地。上奥陶统顶部—下志留统底部，下三叠统及上三叠统烃源岩形成于造山运动后形成的挠曲阶段的残留滞流盆地，阻止了水的侧向运动，限制了表层含氧水与深部分的混合，有利于还原环境的形成。

(4)克拉通台内内滞流盆地(障壁海局限海盆地)。下二叠统碳酸盐岩烃源岩主要形成于该类沉积环境。由于处于上古生界巨层序旋回最大海侵阶段，加之处于低纬度、温缓、潮湿气候条件下，广大台地相区由于障壁作用形成局限海盆，沉积富含有机质的碳酸盐岩，而且由于与外部海水交换不畅，容易形成还原环境。

(5)上二叠统、上三叠统煤系烃源岩形成于滨海平原—滨岸三角州相带。在温暖气候条件下，灌木、水草大量繁殖，有机质丰富。加之沉积水为海水或半咸水，富含硫酸盐，被有机质还

① 马力，吴少华，等．南方海相中古生界天然气地质综合研究．杭州南华石油技术开发有限公司，2000年11月(内部报告)．

原后，很容易形成弱还原—还原环境。

中下扬子地区在晚震旦世、早寒武世、奥陶纪—早志留世、二叠纪—早中三叠世、晚三叠世—侏罗纪、白垩纪—第三纪等时期，除晚三叠世、中新生代以来为前陆相沉积外，之前主要为海相沉积。上述时期中下扬子处于板块构造演化的不同时期和构造背景及不同的构造部位中，如大陆边缘、克拉通盆地、前陆盆地等不同时空的构造环境，适宜的沉积背景使大量有机质得以保存，为本区海相地层油气系统的形成奠定了良好的物质基础。一般说来，盆地相和开阔海台地相是形成烃源岩条件最好的相带，广海陆棚相和局限台地相次之，台地边缘礁相和滨岸碎屑岩相较差(周雁等，2002)。

由于过去各研究者采用的烃源岩标准下限值不同，而且多采用层段有机碳平均值来划分烃源岩厚度。因此，在缺乏基础数据，利用现有资料来统一划分全区有效烃源岩的厚度难以实现的情况下，主要利用已有资料的烃源岩等厚度图，结合全区沉积相研究成果来分析各层段暗色地层的分布特征。

根据研究，扬子地区从古生界—三叠系发育有 Z_2^2、$\in_1$、O_3—S_1、P_1、P_2、T_1 等 6 套烃源岩，其中 $\in_1$、O_3—S_1 烃源岩主要在扬子地块分布，P_1、P_2 在整个华南板块都有分布，为区域性烃源岩，Z_2^2 烃源岩在扬子板块局部分布，T_1 烃源岩除在湘桂地块分布外，还在下扬子区分布。烃源岩的分布受构造性质、海平面升降旋回和沉积环境的综合控制。

一、上震旦统(Z_2^2)烃源岩

中国南方早震旦世陆源碎屑广布、古陆和陆缘海分布明显，到晚震旦世在扬子板块上则演变为碳酸盐台地广布的陆表海环境。陡山沱期继早震旦世的长期剥蚀，古陆地势逐渐夷平，冰川的融化使海平面上升，海侵范围扩大，扬子板块大部分均为海水淹没，扬子区广大范围为碳酸盐台地和台缘盆地；研究区可分为下扬子陆表海、鄂中台地、开临台地和巢宁缓坡。灯影期扬子板块已不再有陆源碎屑沉积，主要为碳酸盐沉积，其次为泥质沉积和硅质沉积；研究区仍存在下扬子陆表海、鄂中台地和开临台地，巢宁缓坡则发育为巢宁台地，南秦岭海则发育为碳酸盐台地(山邓台地)和台缘盆地(夏文杰等，1994)(图 3-2)。震旦系烃源岩主要分布于上震旦统。由于构造发育上的差异，中下扬子海侵的规模有些不同，作为震旦系主要烃源岩的灯影组碳酸盐岩在中下扬子地区的沉积是有差别的。中扬子区碳酸盐岩的沉积厚度要大于下扬子区的沉积厚度。即中扬子的沉积厚度达到了 1 500m，其沉积中心主要位于荆沔冲断带的南部和洪湖复向斜，而下扬子区的沉积厚度最大只有 1 000m 左右；主要沉积在苏北斜坡和南京坳陷的东北部，没有明显的沉积中心，主要成条带状分布，沉积最厚处位于句容—海安—盐城一带。而江南隆起带和钱塘坳陷在灯影期没有碳酸岩的沉积，主要沉积硅质岩。

上震旦统灯影组(Z_2^2)在四川盆地内为一套岩性单一的灰色—深灰色白云岩，属局限海台地相沉积，厚 600～1 100m。因白云岩中含有丰富的藻，且区域分布稳定，是主要的烃源岩段，生油岩平均厚 350m，以盆地西部较大，一般在 550m 以上，最大厚度 703m。向东减薄，到渝鄂湘边区，则演变为晚震旦世早期以广海陆棚相泥质岩沉积为主。晚期以台地相碳酸盐岩沉积为主，五峰—慈利一线(研究区以西)组成一南北向高值区，厚度大于 300m，最厚 500 余米。从烃源岩的岩性构成看，仍以碳酸盐岩为主。江汉平原区碳酸盐岩生油岩也比较发育，生油岩厚度一般在 150～450m。其他地区相对较薄，一般在 100m 以下①。

① 张国伟，等. 扬子中段及周邻盆山关系、沉积充填特征与油气勘探潜力研究. 西北大学. 2001 年 9 月(内部报告).

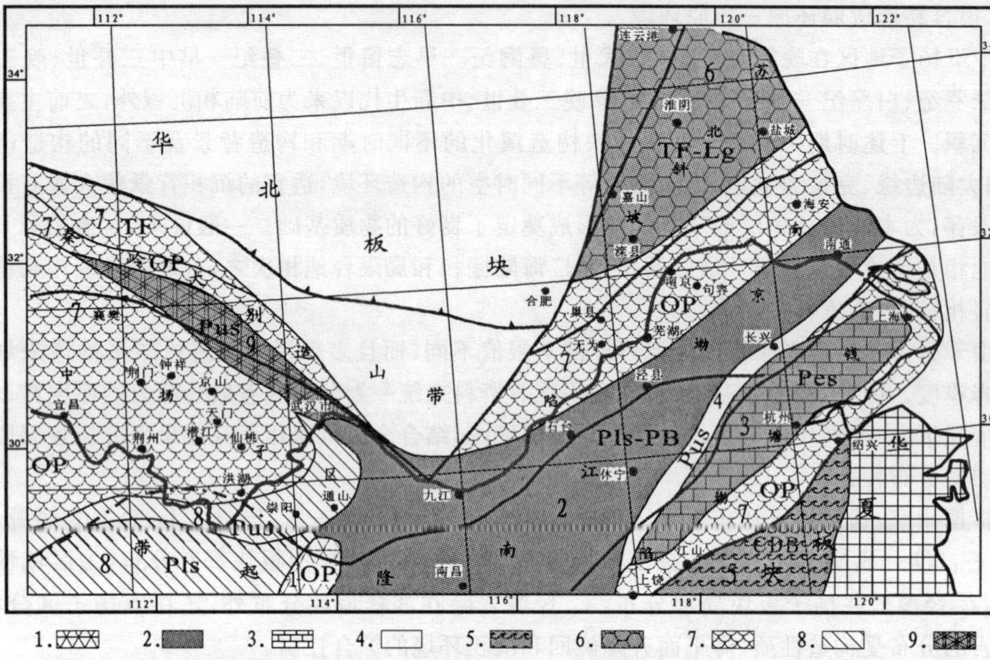

图 3-2 晚震旦世灯影期中下扬子区岩相古地理分布图(据湖北省地质志,1990)

1. 灰岩相;2. 硅质岩相;3. 砂岩、砂屑白云岩相;4. 灰岩、硅质岩相;5. 泥岩—砂岩相;6. 白云岩、灰岩相;7. 白云岩相;8. 泥岩、硅质岩相;9. 白云岩、硅质岩相;CDB. 陆缘深盆相;OP. 开阔台地相;Pes. 台缘浅滩相;TF. 潮坪;Pus. 台缘上斜坡相;Pls. 台缘下斜坡相;PB. 台盆相;Lg. 泻湖相

下扬子地区,上震旦统烃源岩主要分布于下扬子陆表海、开临台地和巢宁台地。苏北地区震旦系上统暗色碳酸盐岩发育在滁县—金湖一线和东台—泰州一线之间,厚约300~900m(图3-3)。其他地区由于研究程度不高和钻井较少,烃源岩展布情况不清楚①。

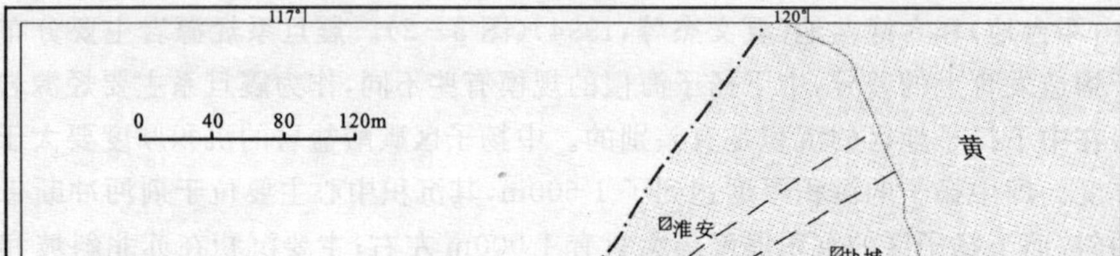

图 3-3 苏北地区上震旦统暗色碳酸盐岩等厚图(裴振洪,2001)

① 裴振洪,等. 苏北南黄海中古生界构造演化与勘探目标优选. 中石化勘探开发研究院荆州新区所,2001年8月(内部报告).

二、下寒武统($\in_1$)烃源岩

早寒武世初期的古地理是在晚震旦世灯影期古地理的基础上发展起来的。随着全球海平面的上升，开始形成碳酸盐缓坡。早寒武世早期扬子区主要形成以波浪作用为主的广海型陆源碎屑陆棚沉积；中期为陆源碎屑沉积向碳酸盐台地过渡，两者交替沉积成混积型缓坡；晚期至中、晚寒武世发展为以潮汐作用为主向东南推进的巨大的扬子碳酸盐台地(蒲心纯等，1993)。早寒武世经历了4个时期：①牛蹄塘期(梅树村期)；②明心寺期(筇竹寺期)；③金顶山期(沧浪铺期)；④清虚洞期(龙王庙期)。梅树村期中扬子区由于震旦纪末"惠亭运动"在湖北中部形成鄂中岛(湖北省地质志，1987)，而且由于襄樊-广济断裂的影响，扬子北缘不可能发育缓坡，而其南缘则发育缓坡；下扬子区，相当的层位为幕府山组，为潮坪—浅滩相，属下扬子浅海环境，呈NE向展布于巢县—句容—泰县一带，向北西或向南东部由缓斜坡进入陆坡深水盆地(图2-5)。筇竹寺期湖北地区的鄂中岛继续存在，由于海侵，古岛四周海水加深，近陆滨海滩相保存不好，仅在西南边缘有小面积分布，古岛西北缘的海湾边缘有三角洲相；中晚期随着海侵逐渐为陆棚相所覆盖，在鄂西和鄂南为陆棚相沉积，厚90～240m；下扬子区，基本继承了梅树村期的特征，在巢县—句容—泰县一带为碳酸盐潮坪沉积，厚小于50m，向北或南为缓坡，沉积厚10～80m(图2-7)。沧浪铺期海平面相对下降，上扬子区处于陆棚向碳酸盐台地的过渡阶段，形成以陆源碎屑沉积为主、碳酸盐沉积为辅的混积型缓坡；下扬子区为碳酸盐缓坡；鄂中地区处于两者之间。湖北地区沧浪铺早期由于海侵，鄂中岛范围缩小，保康南部和宜昌北部石牌组分布面积超越了水井沱组，向东超覆在灯影组之上；晚期海侵扩大，鄂中岛全部淹没，天河板组向东超覆于灯影组上，在京山惠亭山一带局部保存滨岸相沉积。下扬子区在巢县—句容—泰县一带仍为潮坪沉积，厚100m左右；南京、高邮到滨海一带为闭塞的泻湖环境。龙王庙期已发展为巨大的扬子碳酸盐缓坡，沉积相展布自西向东为近岸潮坪—浅水缓坡—浅水缓坡障壁滩—深水缓坡—陆坡深水盆地。近川滇古陆的川西南—滇中地区为含陆源碎屑的碳酸盐岩，厚20～100m；向东碳酸盐岩增厚，至黔东湘西360m以上；常德—泸溪—三都一线以东则主要为页岩和粉砂岩，平均厚小于100m，形成一个由西向东加厚，至黔东湘西后又逐渐减薄的碳酸盐沉积楔形透镜体(蒲心纯等，1993)。

在早寒武世，扬子地区地形相对平缓，生物特别是微植物开始繁盛，小壳动物及三叶虫也很繁盛。在梅树村组沉积时期，整个扬子地区广泛沉积了富含有机质的黑色碳质泥岩和页岩，其厚度从几十米至二三百米(图3-4)。筇竹寺期及沧浪铺期发育了富含有机质的黑色碳质泥岩、页岩(图3-5)。中、上寒武统的烃源岩主要是暗色灰岩(胡书毅等，1999)。早寒武世，烃源岩分布在陆缘向陆一侧的内带及与其毗邻的陆缘坳陷带，即：①北部大陆边缘安康—随县深断坳和南大巴—鄂北—苏北陆缘坳陷带；②南部大陆边缘浙西、皖南、赣北—湘西—桂中深断陷带(主体为现今江南—雪峰隆起)。烃源岩厚度300～600m，最厚处千余米，如扬子南北的陆缘区。湘渝鄂边区碳酸盐岩生油岩在利川以南及恩施—宣恩—五峰一带厚度达400m以上，最厚达700余米，其他地区均在300m以下。泥质岩烃源岩大致于黔江—龙山—五峰以西—建始—利川一线所围限的区域厚度大于500m，其中在宣恩一带最厚达700余米①。

中扬子区的泥岩烃源岩展布于建始、秭归、应城一线以南，古文、大庸、慈利、石门、沔阳一

① 马力，吴少华，等. 南方海相中古生界天然气地质综合研究. 杭州南华石油技术开发有限公司，2000年11月(内部报告).

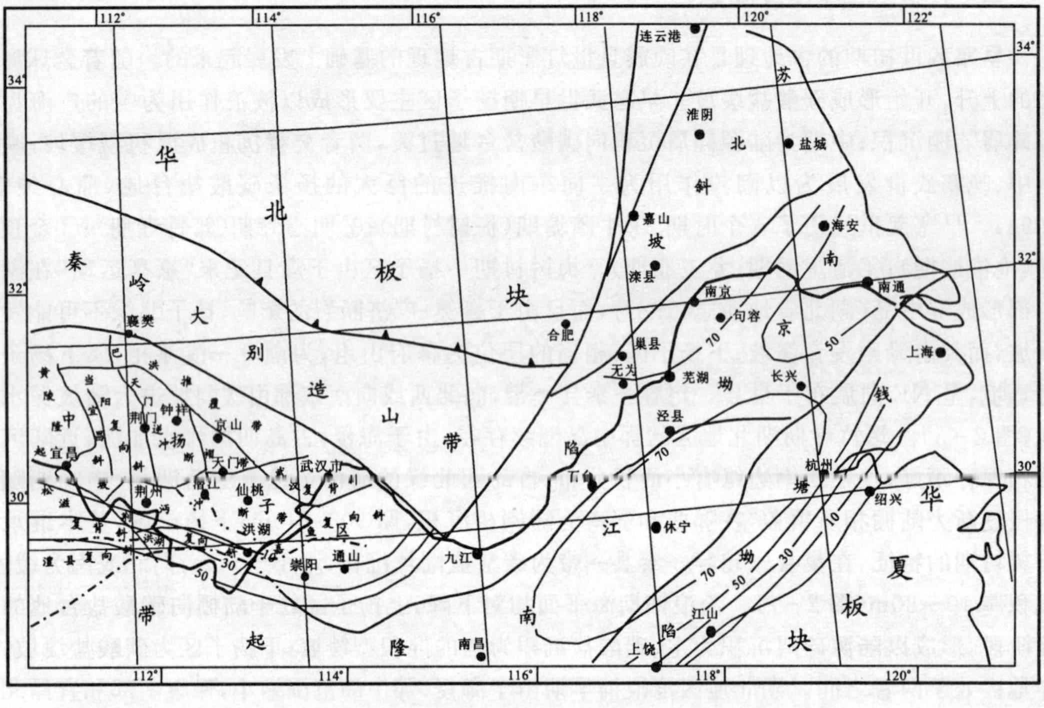

图 3-4 中下扬子地区早寒武统梅树村组黑色泥岩含量等值线图(据胡书毅等,1999,修改)

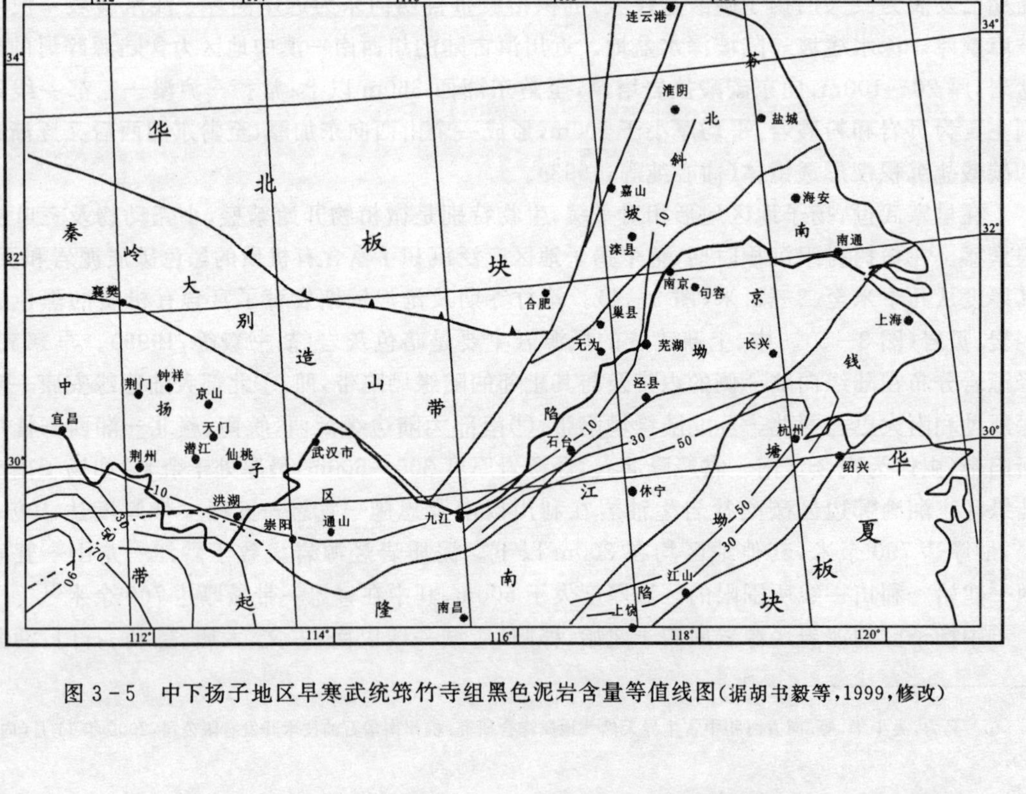

图 3-5 中下扬子地区早寒武统筇竹寺组黑色泥岩含量等值线图(据胡书毅等,1999,修改)

线以北地区；常德、岳阳、修水、武宁一线以南，新宁、双峰、萍乡一线以北地区。碳酸盐岩烃源岩展布于建始、宜昌、钟祥一线以南，大庸、慈利、嘉鱼一线以北以及湘中、赣北地区。下扬子区的泥岩烃源岩展布于全椒、天长、淮阴一线以西地区；石台、泾县、宁国、杭州一线以南，上饶、江山、桐庐一线以北地区。碳酸盐岩烃源岩展布于巢县、宝应、滨海一线以西地区；皖东南、苏南（包括苏北南通地区）、杭嘉湖、浙西地区（刘宝珺等，1993）。苏北地区寒武系下统暗色泥岩分布在金湖—六合一线以西和东台—泰州一线以东，厚度约为50～100m（图3-6）；而碳酸盐岩则分布在金湖—东台之间，厚度为50～100m（图3-7）①。

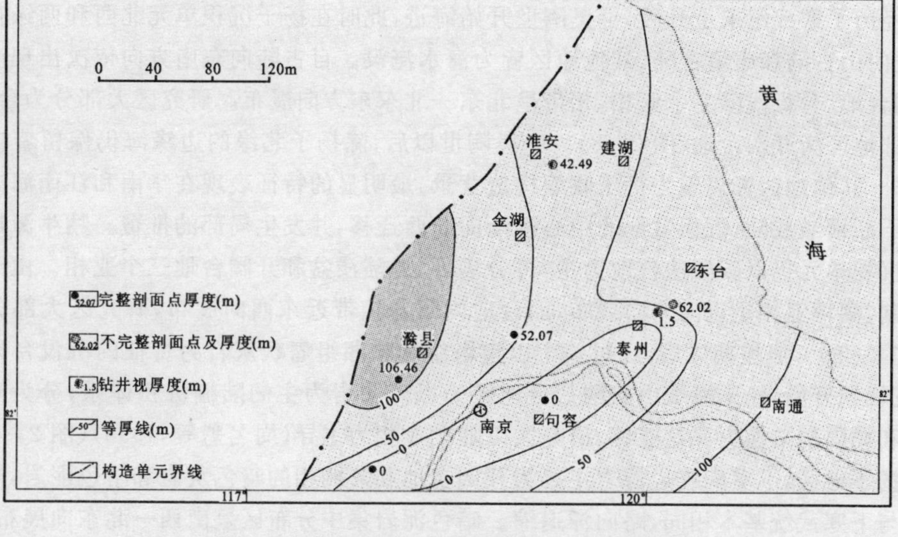

图3-6　苏北地区下寒武统暗色泥页岩等厚图

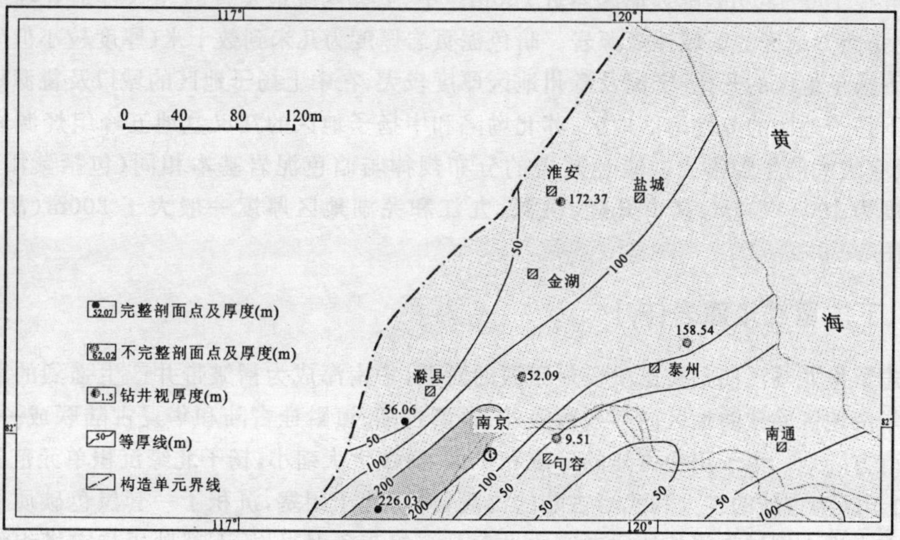

图3-7　苏北地区下寒武统暗色碳酸盐岩等厚图

① 裴振洪，等.苏北南黄海中古生界构造演化与勘探目标优选.中石化勘探开发研究院荆州新区所，2001年8月（内部报告）.

三、奥陶系烃源岩(O)

寒武纪末我国南方地区发生短暂海退，造成奥陶系与寒武系呈平行不整合接触。扬子地区奥陶系基本属台地型沉积，反映了一种缓慢稳定沉降的构造环境(冯增昭，1989)。早奥陶世早期，扬子地区地形相对平坦，气候温暖，生物繁盛，属于台地型碳酸盐沉积(胡书毅等，2001)。两河口期扬子地块北缘沉积单元以城口—青峰—襄樊断裂为南界，东端被郯庐断裂所截，自南向北为碳酸盐缓坡—陆缘盆地——另一个碳酸盐台地的斜坡，具南缓北陡的沉积地形。扬子地块南缘沉积单元以黔、湘、鄂断裂，江南断裂，石台-如皋断裂与扬子沉积单元分界。扬子沉积单元经历了寒武纪末上升后，早奥陶世开始海进，此时在扬子沉积单元北西和西缘存在汉南古陆、龙门山古陆和康滇古陆，其他地区皆为海水淹没。自古陆向东南方向依次出现潮坪—泻湖、开阔台地、台缘浅滩三个亚相，相带呈北东—北东东方向展布。研究区大部分为台缘浅滩，苏北局部地区为开阔台地(图2-8)。中奥陶世以后，除扬子北缘的边缘海仍保留着被动边缘的特征外，其他地区皆表现为挤压收缩构造背景，最明显的特征表现在华南和江南海域自东南向西北不断褶皱成陆，沉积盆地的中心逐渐向北西迁移，并发生局部的推覆。牯牛潭期—庙坡期扬子沉积单元仍以碳酸盐台地为主，可分潮坪、近陆浅盆和开阔台地三个亚相。由于受西侧古陆控制，潮坪亚相呈近南北向展布，而台地内部各相带近东西向展布，研究区大部分为开阔台地(图2-9)。庙坡期以后，经过一个以宝塔组和临湘组瘤状灰岩为特征的沉没台地阶段之后，从五峰期开始，扬子海域由碳酸盐台地转为以碎屑岩为主的陆棚沉积体系，分为潮坪—泻湖亚相和局限的陆棚内深盆亚相，研究区以陆棚亚相为主导(周名魁等，1993)(图2-11)。

在扬子地区，下奥陶统烃源岩主要为开阔台地和陆棚相的暗色灰岩和暗色泥岩，烃源岩分布范围与下寒武统基本相同，略向洋退缩。暗色泥岩集中分布区呈南西—北东向展布，从云南威信、重庆秀山、湖南桃源、湖北监利和通山，到江西九江、安徽宁国及江苏南京等地均有分布，厚度一般在100～300m，威远地区厚近200m。中、上奥陶统最发育的烃源岩是五峰组的笔石页岩，它是南方地区的区域性烃源岩。暗色泥页岩厚度为几米到数十米(厚度较小但生烃潜力大)，在下扬子地区的开化、宁国及滁州地区厚度较大，在中上扬子地区的城口及桃源地区厚度较大。下扬子地区的苏皖南部地区、苏北坳陷和中扬子地区的江汉盆地五峰组烃源岩都较发育，均具有较大的生烃潜力。暗色灰岩的分布规律与暗色泥岩基本相同(包括紫阳、宜昌地区)，厚度为100～400m，其中开隆、桃源、九江和芜湖地区厚度一般大于200m(胡书毅等，2001)(图3-8)。

四、下志留统烃源岩(S_1)

早志留世龙马溪期是挤压阶段最激烈的时期，华南海成为褶皱带并产生强烈的北西方向推挤。华南地区除钦防地区尚存残留海外，康滇古陆、滇黔桂古陆和华夏古陆联成一片，构成巨大的南方陆地。由于川中古陆的形成和扩大，海域大大缩小，扬子北缘沉积单元范围与前相似，又由于汉南古陆的扩大和武当古陆的出现，海水趋于闭塞，沉积了一套黑色碳质页岩。本次研究在大洪山褶皱带野外地质考察中见龙马溪组灰色泥页岩，下部砂岩与宝塔组瘤状灰岩成整合接触(图3-9)。扬子沉积单元可分为潮坪、陆棚、陆棚边缘盆地三个亚相(周名魁等，1993)(图2-12)。龙马溪组沉积期大部分扬子地区处于闭塞、半闭塞滞流海盆环境，中、上扬子地区龙马溪组发育黑色页(泥)岩，富含微粒黄铁矿和笔石(正笔石类繁盛)化石，有机质丰富(李爱国等，2001；汪泽成等，2002)。鄂东南地区高家边群的中、下部(相当于龙马溪组)为陆棚

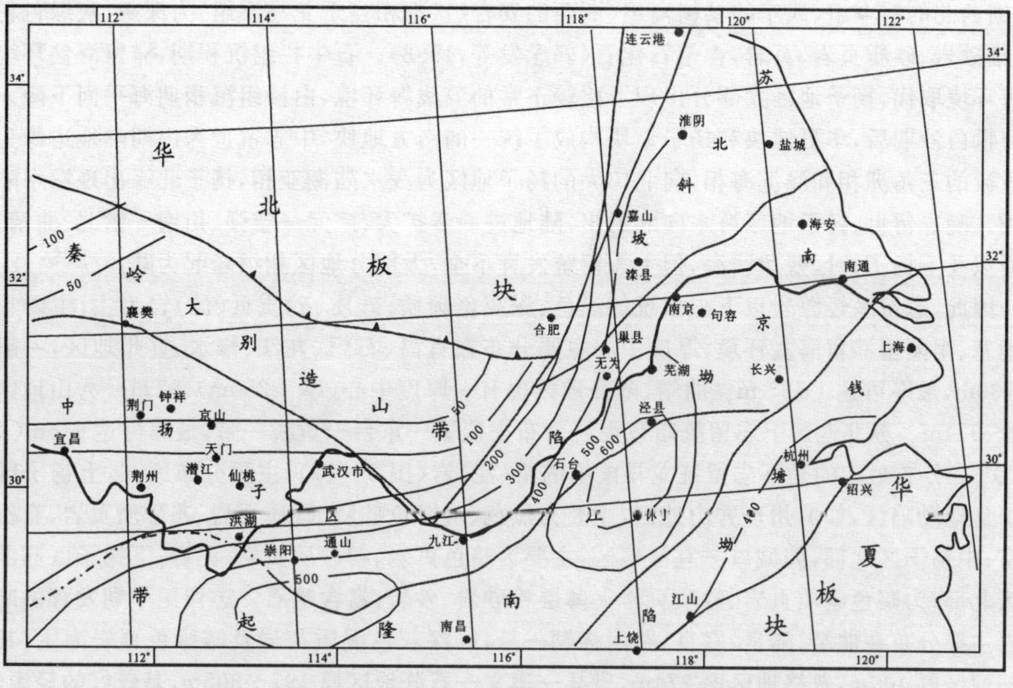

图 3-8　中下扬子地区奥陶系烃源岩厚度等值线图(单位:m)(据胡书毅等,2001,修改)

图 3-9　京山县早志留纪发育的龙马溪组灰黑色泥页岩

环境沉积的黑色、灰绿色、灰色碳质页岩、硅质页岩、砂质页岩，富含笔石化石(周雁，1999)。皖南、浙西北的霞乡组、武宁的黎树窝组、浙西的安吉组(都相当于龙马溪组)为深灰、灰绿色粉砂岩、细砂岩、砂质页岩、页岩，含笔石化石(郭念发等，1998)。石牛栏组沉积期，滞留海盆环境被广海环境取代，扬子地区大部分出现了比较正常的滨浅海环境，白沙组沉积期海平面下降。早志留世白沙期后，华夏地块和扬子地块构成了统一的南方地块，中志留世秀山期陆地边缘为海陆过渡的三角洲相和浅滨海相，向北广大的扬子地区为浅水陆棚亚相，扬子北缘出现深水陆棚亚相。晚志留世，扬子地区海水向北退出，陆地进一步扩大，广元—宁强、川南—黔北、曲靖、滇东南以及下扬子地区残留浅海，但上志留统发育不全，大部分地区相继隆起为陆。

因此，志留系烃源岩以下志留统的黑色、深灰色碳质、硅质、砂质页(泥)岩为主，主要形成于闭塞、半闭塞滞留海盆环境，厚度中心主要分布在宜昌、石门、九江、修水、宣州地区，一般厚达700m，最厚可达1 787 m。曲靖、陆良地区也有一厚度中心(厚1 250m)，泸州—秀山地区厚400～974m。苏北地区下志留统暗色泥岩分布在盐城—东台—黄桥一带，最厚可达648m(图3-10)①。分布最广的是下志留统龙马溪组的页(泥)岩(图3-11)，主要分布区在：上扬子区的四川盆地坳陷区，如泸州—秀山地区，主要为黑色、灰绿色硅质、碳质页岩、粉砂质页岩，有机质丰富；中扬子区北部，如城口—宜昌地区，主要为暗色页岩、粉砂质页岩、泥岩；下扬子区苏浙皖地区北部，为暗色碳质页岩、砂质页岩夹薄层粉砂岩、砂岩，富含笔石。志留纪早期发育的暗色灰岩主要分布在曲靖、陆良、宜良、路南弥勒一带，以深灰色泥质灰岩及暗绿色页岩为主，其中曲靖地区厚400m，普格地区厚274m，琪县—遵义—石阡地区厚197～305m，是较好的烃源岩；四川盆地主要发育在川南地区，平均厚25m(文玲等，2002)。

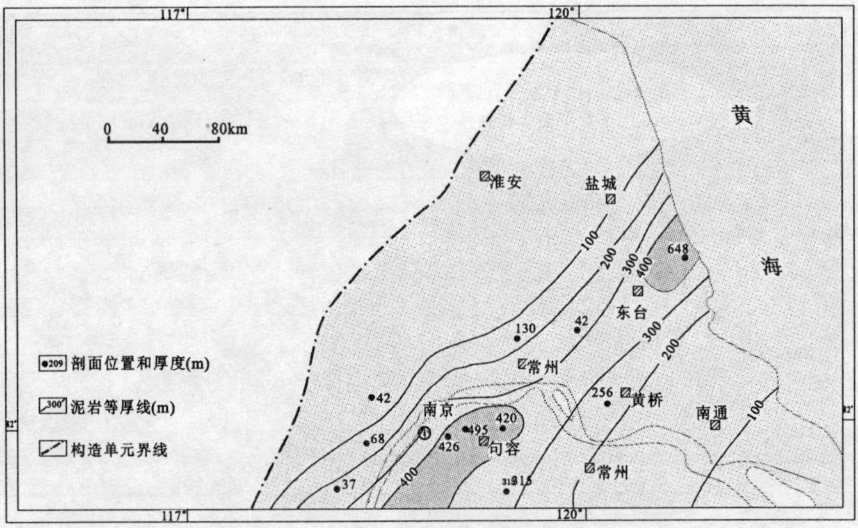

图3-10 苏北地区下志留统暗色泥岩等厚图

① 裴振洪，等.苏北南黄海中古生界构造演化与勘探目标优选.中石化勘探开发研究院荆州新区所，2001年8月(内部报告).

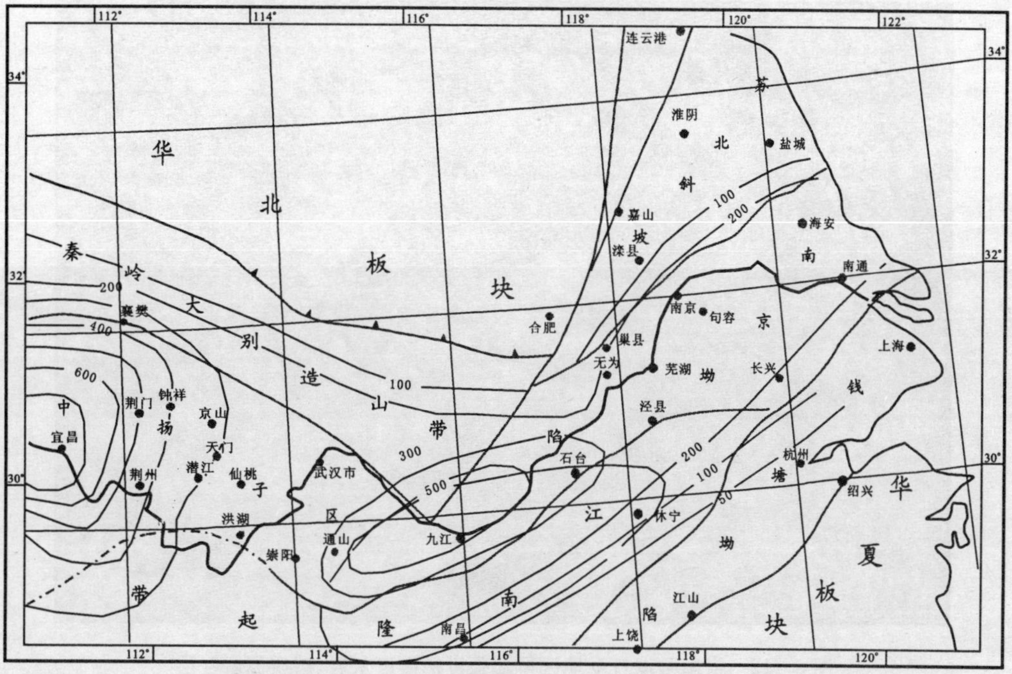

图 3-11 中下扬子地区下志留统龙马溪组页岩厚度等值线图(单位:m)(据文玲等,2002,修改)

五、二叠系烃源岩(P)

早二叠世栖霞期和茅口期是晚古生代以来南方地区最大的扩张海侵时期。栖霞早期海水仅局限在“江南水下隆起”以南的部分海域,中下扬子地区北部有大片陆地。江汉坳陷早期发育潮坪环境,接受含煤碎屑岩沉积,直到栖霞中期的广泛海侵,中晚期才变为一个广大的开阔碳酸盐岩台地。川鄂苏为南西高北东低的碳酸盐缓坡,苏北胶南古陆南侧为滨岸潮坪—泻湖沉积(王立亭等,1994)(图 2-16),发育灰黑色含硅质灰岩,构成海相上组合最有利的烃源层系(图 3-12)。茅口期是一个海退期,中下扬子地区古地理分异较明显,下扬子地区分为东南部滨岸、东南部斜坡、北部盆地,呈现三分格局。另外,本区还发育有生物礁。中扬子地区,自南向北,分别为南部盆地、南部斜坡、中部台地、北部斜坡和北部盆地。到茅口期末期,由于东吴运动的影响,整个扬子地区普遍抬升,并伴随大规模的海退和火山喷发(滇黔桂地区),部分地区遭受剥蚀,南方古地理格局发生了重大的改变。吴家坪期是南方二叠纪时陆地面积最大时期。晚二叠世,海水又重新大规模侵入本区,但次于早二叠世。在中下扬子地区,龙潭初期沉积了一套含煤海陆交互相碎屑岩;到中晚期,自南而北分别为东南部碎屑岩滨浅海、中南部局限海,中部碳酸盐岩台地、北部斜坡和北部盆地,即“五分”格局,在中部碳酸盐岩台地的西部还有一鄂西盆地(胡书毅等,1999)。到长兴期,本区基本继承发展了原先的岩相古地理面貌,没有较大的差异,只是礁体发育范围有所扩大(王立亭等,1994)。

扬子地区二叠系烃源岩分碳酸盐岩、泥质岩和煤,以碳酸盐岩为主,此外,深水区发育的层状硅质岩和部分似层状硅质岩也是潜在的烃源岩。横向上碳酸盐岩烃源岩总体趋势由东向西增厚,主要分布于利川、石柱、万县复向斜及齐岳山背斜带,烃源岩厚度一般在 500～600m 间,万县复向斜烃源岩厚度大于 650m。当阳—潜江地区烃源岩厚度为 350～400m,而恩施、建始、

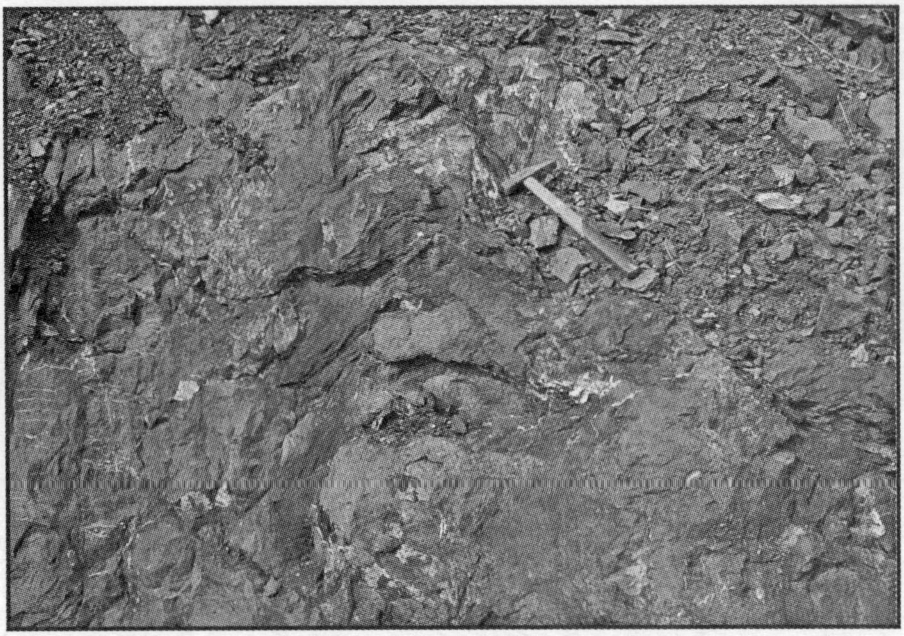

图 3-12 崇阳县港口乡地区早二叠世栖霞组灰岩、碳质泥岩互层

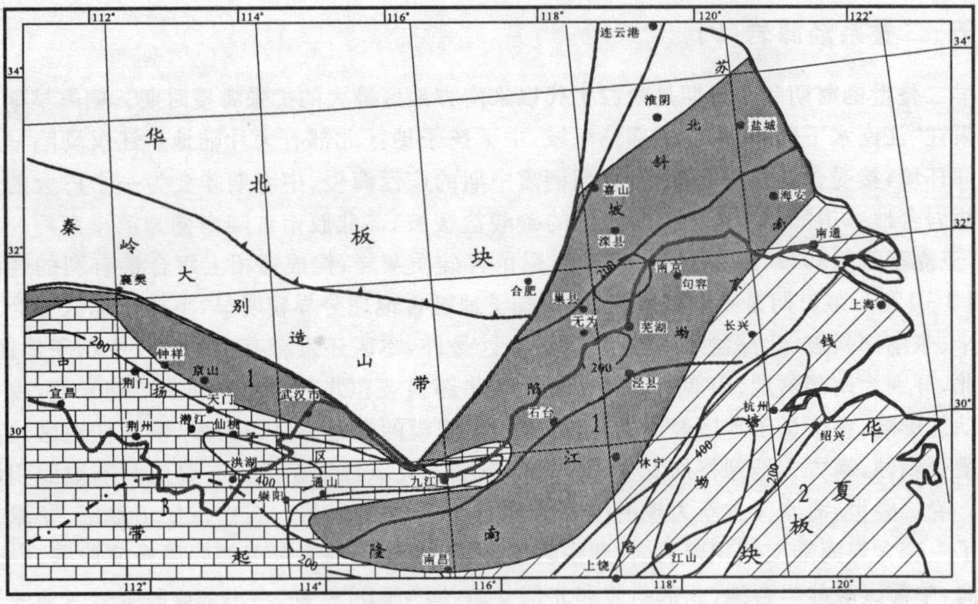

图 3-13 中下扬子地区下二叠统烃源岩类型及等厚图(据冯增昭等,1997,修改)

1. 深水硅岩及泥岩烃源岩发育区;2. 煤泥岩烃源岩发育区;3. 深水碳酸盐岩烃源岩发育区

宜昌、洪湖和鹤峰所围区域,烃源岩厚度在 200m 以下。

纵向上,二叠系特别是下二叠统以碳酸盐岩为主的烃源岩分布面积广,厚度相当大,是扬子地区主力烃源岩之一。下二叠统烃源岩的分布相当广泛，在不同的沉积环境中，烃源岩有不同的组合类型。中扬子地区烃源岩主要为暗色的浅水碳酸盐岩，分布于浅水碳酸盐岩台地上，厚 200～800m。而中扬子及下扬子的北部边缘地区的烃源岩主要以深水硅质岩及泥岩为主，厚度为 100～300m。下扬子的苏南地区烃源岩主要为煤泥岩(图 3-13)。上二叠统烃源岩的分布与下二叠统有一定的继承性，只是分布的范围及厚度有些变化(冯增昭等，1997)(图 3-14)。

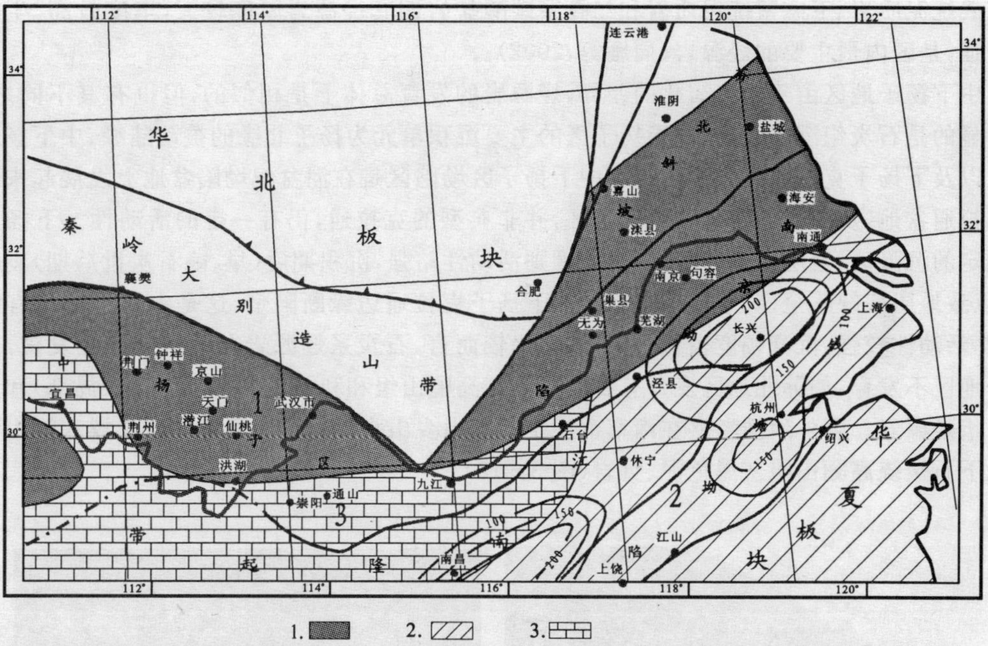

图 3-14　中下扬子地区上二叠统烃源岩类型及等厚图(据冯增昭等，1997，修改)

1. 深水硅岩及泥岩烃源岩发育区；2. 煤泥岩烃源岩发育区；3. 浅水碳酸盐岩烃源岩发育区

由此可见，在本区二叠纪的海域中，几乎各主要的岩相古地理单元均有烃源岩发育，只不过烃源岩的厚度、生烃母质(干酪根)类型、烃态及数量有所不同而已。

六、中下三叠统烃源岩(T_{1-2})

晚二叠世至中三叠世末期中国南方处于伸展裂陷—汇聚造山阶段。早三叠世期间，中下扬子区基本上继承了晚二叠世的格局，即北部为碳酸盐台地，南部为陆间及大陆边缘盆地，江南隆起没于水下接受沉积。但到了中三叠世，由于扬子板块与华夏板块发生陆内汇聚，使南部边缘抬升，江南海隆上升成陆，发生了遍及扬子主体的拉丁期海退(殷鸿福，1982)。沉积盆地主要沿江南古陆北缘发展，其沉积格局为滨岸相—局限台地相—陆架相，至中三叠世末发生印支运动，使中国南方结束了海相沉积的发展历史，并进入濒太平洋大陆边缘活动带的发展阶段。

下三叠统烃源岩主要是泥质碳酸盐岩和夹于其中的泥岩，分布在中下扬子陆缘和板内缘坳陷带。泥质烃源岩分布局限，主要分布于中下扬子陆缘坳陷带内，以薄夹层方式出现。下三叠统大冶组烃源岩以碳酸盐岩为主，平均厚度为 215.6m，横向上主要分布在利川、石柱、万县复向斜及齐岳山背斜带，烃源岩厚度一般在200～300m之间[①]。

中三叠统烃源岩仅发育于四川盆地内。中三叠统雷口坡组属浅海相碳酸盐岩、白云岩和泻湖相石膏、盐岩沉积，因此时海侵方向来自西侧，故有利的生油地区位于华蓥山以西的川中、川西一带。特别是雷三段，属海侵高潮期沉积，岩性主要为深灰色碳酸盐岩和白云岩，生油条件好，层段稳定，厚度大，是最重要的生油层段。

综上所述，扬子陆块中、古生界烃源岩十分丰富，既有泥质烃源岩，又有碳酸盐烃源岩。它们的时空分布受板块构造格局下的盆地原型格局和海平面上升控制。其中，上震旦统泥质岩、下寒武统泥质岩、下志留统泥质岩和二叠系碳酸盐岩四套烃源岩厚度较大，丰度较高，生烃能力较强，是区内最主要的烃源岩(周雁等,2002)。

中下扬子地区由于构造演化的差异，烃源岩的发育总体上是相似的，但也有其不同之处。较明显的是石炭纪沉积时期，中下扬子区的主要沉积单元为扬子北缘的被动陆缘、中下扬子坳陷区以及下扬子克拉通边缘断陷带。中下扬子区坳陷区是在泥盆纪坳陷盆地上发展起来的板内克拉通盆地，从下扬子区延到中扬子区，并非典型的克拉通，仍有一定的活动性。下扬子区为稳定的沉降区，地层发育齐全；中扬子区则活动性略强，沉积期后(早、晚石炭世后期)剥蚀明显，以致地层残缺不全(陈宏明等,1994)。下扬子克拉通边缘断陷带，这是中扬子所没有的构造带，活动性较强，沉降幅度较大。因此，相比较而言，石炭系烃源岩在下扬子地区发育，而中扬子地区不发育，如苏北地区发育有石炭系下统高骊山组和和州组、中统黄龙组(局部)和上统船山组烃源岩。野外地质考察在南京市江宁区湖山乡山头凹村汤山复背斜西北翼和陡山北坡均见下石炭统高骊山组灰黑色泥、页岩(图3-15)。

A　　　　B

图3-15　下扬子宁镇山脉下石炭统高骊山组泥页岩

A. 汤山复背斜高骊山组灰黑色页岩；B. 陡山北坡高骊山组黑色泥岩

① 张国伟，等. 扬子中段及周邻盆山关系、沉积充填特征与油气勘探潜力研究. 西北大学，2001年9月(内部报告).

第四章　中—古生界海相烃源岩生烃潜力评价

第一节　高演化烃源岩的评价指标及标准

一、评价指标

有机质的丰度、类型、成熟度是烃源岩评价的三个重要指标。较高的有机质丰度、较好的有机质类型和适当的热演化程度是形成好烃源岩的条件,碳酸盐岩烃源岩也同样如此。

碳酸盐岩的有机质类型主要受母质来源、沉积环境及成岩作用的影响。母质来源是决定有机质类型的重要因素。一般而言,碳酸盐岩有机质形成于蓄水环境,大部分沉积物远离陆源区或腐殖物质的主要供给区,多数形成Ⅰ型和Ⅱ型干酪根,即为腐泥或腐殖-腐泥型有机质。对于我国南方上古生界碳酸盐岩,由于陆生高等植物生源的输入,则可能会形成Ⅲ型即腐殖型有机质。而沉积环境是影响有机质类型的又一因素。在还原条件下沉积形成的碳酸盐岩,其有机质可免遭氧化作用的影响,形成的干酪根类型为Ⅰ型或Ⅱ型。这类碳酸盐岩主要是盆地相、广海陆棚相、较深水台地相等深水—较深水的沉积产物。而在氧化条件下沉积的碳酸盐岩,其原始有机质类型可能较好,但由于氧化作用的影响,其有机质类型则会由好变差,干酪根类型以Ⅲ型为主。该类碳酸盐岩多出现于开阔台地、局限台地、蒸发台地、礁、滩等浅水—极浅水沉积环境。成岩作用的进行,岩石中的有机质经历着同样的热改造,导致干酪根可降解的部分不断减少。因此,沉积环境决定了有机质的类型,也影响有机质的生烃潜力,而成岩作用决定有机质的演化程度,也决定有机质的残余生烃潜力。

有机质的成熟演化是油气生成至关重要的因素,不同演化阶段,有机质生成油气的质与量均不同。原始有机质的生烃量是随演化程度的增大而增大的,较低演化阶段的源岩要求有较多的原始有机质,而较高演化阶段的源岩则只需较少的原始有机质,有机质类型相近的烃源岩,其不同演化阶段时的有机质丰度下限值就不同。热演化作用对生烃潜力的恢复起着重要的作用,高过成熟海相烃源岩的生烃潜力是其原始有机质生烃潜力经过强烈热演化之后的残余生烃潜力。由于大量生烃的高峰阶段已经结束,干酪根残余生烃潜力已经很低或几近枯竭,因而使得烃源岩生烃潜力已普遍很低。若用传统的评价生油岩的标谁为界限,则这些高过成熟的海相生油岩全部为非烃源岩,而这明显不符合实际情况。目前使用得比较多的、可信度较大的热演化指标是镜质体反射率和生物标志物的异构化参数,但高等植物的真正出现是从泥盆纪以后,泥盆纪前的上元古界和下古生界中根本不存在镜质体,从而使镜质体反射率指标在这些地层中无法使用。另外,由于中上元古界和下古生界演化程度普遍较高,生物标志物异构化一般已达到终点,使分子有机地球化学的成熟度指标在这些地层中亦失去了有效性。对于碳酸盐岩有机质成熟程度的评价，除采用镜质体反射率外，还有许多学者采用了其他参数，如海相碳酸盐岩中的"镜质组"、"沥青"反射率、牙形石色变指标等(曾凡刚等，1998)。

有机质丰度是评价生油岩最基本的参数。因为有机质是油气生成的物质基础，它是决定生油岩能否成为"烃源岩"的先决条件，所以有机质丰度是碳酸盐生油岩最基本的评价指标。碳酸盐生油岩有机质丰度的高低决定于多种因素，如沉积环境、矿物组成、成岩作用和热演化、排烃条件等。沉积环境是控制有机质丰度的基本因素，碳酸盐中原始有机质的丰度受原始沉积有机质多少的影响，而有机质保存量又取决于沉积环境。成岩作用也会大大影响碳酸盐岩的有机质丰度大小与分布，碳酸盐岩通过成岩作用损失的有机质远大于泥质岩，前者损失80%，后者损失15%(Gegman，1961)。因此，碳酸盐岩要求有更多的生物发育，才能保证残留较多的有机质，生成大量的油气。而成岩作用的压溶作用造成黏土矿物向缝合线或缝合带集中，从而造成有机质的局部富集。埋深产生的节理、裂缝等造成有机质的氧化而损失，热演化作用和排烃作用也会造成有机质丰度的下降。因此，在油气评价时，在成油门限附近的有机质含量是决定其在以后演化过程中油气生成量的关键。

扬子地区广泛分布着震旦系—古生界的碳酸盐岩和碎屑岩，碳酸盐岩主要分布于震旦系、寒武系、奥陶系、石炭系、二叠系，碎屑岩主要分布于志留系。其中碳酸盐岩普遍具有时代老、有机质丰度较低、有机质热演化程度高、油气保存条件差等特征，并且岩性以浅水台地相、台缘斜坡相碳酸盐岩为主。据马力等(2000)研究，此类烃源岩氯仿沥青"A"、烃含量、S_1+S_2 等均变得非常微弱，无法与低演化条件下的已知烃源岩相比，但这并不说明烃源岩没有生烃，而是生成的烃绝大部分已经运移走了，至少到目前为止，我们还无法准确恢复已运移走的那部分烃。因此，高演化碳酸盐岩烃源岩评价既不适宜直接采用国内已有的泥质烃源岩的评价方法，也不能照搬国外较低成熟度碳酸盐岩烃源岩的评价方法，无法用氯仿沥青"A"、烃含量、S_1+S_2 来评价烃源岩。唯有有机碳含量，由于岩石有机质组分中有一部分稳定成分，而我们假定原始有机质中稳定成分与不稳定成分(即生烃成分)大体是呈比例，因此勉强可用有机碳来作为烃源岩评价的主要指标。

在应用有机碳含量作为烃源岩评价指标时，由于不同地区、不同气候条件下地面样品的风化差异，采样条件不同风化损失的影响不一样，以及在未风化前，岩石中有机碳含量本来就很低，风化程度对其影响难以反映，用乘以风化系数去恢复不一定准确。有机碳的演化受有机质的类型和岩石的性质等因素影响，若缺乏配套资料，未必能恢复准确。因此，笔者认为应直接用残余有机碳含量作为主要的评价指标。

二、标准的确定

碳酸盐岩烃源岩标准的标定是衡量油气资源潜力的关键因素之一。长期以来，各界学者在评价碳酸盐岩烃源岩时，采用的有机碳下限标准各异(表4-1)，其差异的产生，是由于研究对象、地区、源岩时代、成熟度以及对下限的认识不同而引起的，高者达0.4%～0.5%，低者0.03%～0.05%，二者相差十余倍，这就极大地影响了碳酸盐岩油气资源的评价。

表 4-1　不同单位及学者提出的碳酸盐岩有机质丰度下限值

单位及学者	下限值/%	单位及学者	下限值/%
美国地化公司	0.12	罗诺夫等	0.20
法国石油研究所	0.24	亨特	0.29,0.33
挪威大陆架研究所	0.20	蒂索	0.30
庞加实验室	0.25	刘宝泉	0.05
大港石油管理局研究院	0.07,0.12	夏新宇、戴金星	0.4,0.5
杭州石油地质研究所	0.1	梁狄刚	0.5
四川石油管理局	0.08	陈丕济等	0.1
埃勃	0.30	傅家谟等	0.08,0.10
程克明	0.03(现演化阶段),0.08(门限附近)	郝石生	0.30
黄汉良	0.10	田口一雄	0.20
		帕拉卡斯	0.40

据蔡立国等(2001)在中扬子地区的研究①,四川石油管理局研究院将碳酸盐岩的残余有机碳下限值定为0.08%,而由杭州石油地质研究所制定的南方海相烃源岩的统一评价标准则将其定为0.1%。但是,迄今为止,我国只在存在富有机质的海相泥岩和泥质碳酸盐岩烃源岩的地区(四川盆地、塔里木盆地)才真正勘探到了原生的海相油气田,而在以纯碳酸盐岩沉积为主的地区却一直未发现工业性原生海相油气资源。英国的一家科研机构对世界上250多个碳酸盐岩油田进行了系统研究,得出其油源都是有机碳含量≥0.5%的海相碎屑岩和富含泥质的、有机质丰度较高的碳酸盐岩生油层。扬子区发现的海相油气田几乎全在四川盆地内,其中威远震旦系气藏的气源来自下寒武统、下志留统的黑色泥岩,它们的平均有机碳含量都在0.4%以上,并且这些地区都分布有较厚的、有机碳大于1%的优质烃源岩。川南下二叠统的天然气来源于下二叠统的岩石,茅口组和栖霞组的岩心和岩屑分析资料表明,较纯石灰岩中有机碳的含量为0.05%～1.86%,平均0.35%(126个样品),而泥灰岩和泥质石灰岩的平均有机碳含量则更高,为0.93%(61个样品)。川东石炭系碳酸盐岩气田的主力气源是下志留统黑色页岩,有机碳含量0.5%～1.25%。勘探实践证明,扬子区能够形成商业油气聚集的碳酸盐岩有效烃源岩的有机碳下限为0.35%。而国外所发现的有机碳含量相对较低的例子是加德纳和布雷在对密执安盆地原油的研究中指出的,志留纪礁间纹层状碳酸盐岩(有机碳含量平均0.3%)是志留纪塔礁内工业性石油聚集的主要油源。由于缺乏对下古生界低成熟度碳酸盐岩生油岩样品进行的模拟试验,而人工合成的低演化碳酸盐岩生油岩样品又有一定的局限性,在没有令人信服的证据证明碳酸盐岩生烃所必需的残余有机碳下限值的情况下,事实则成为最具说服力的依据。因此,根据前人所进行的各种模拟试验结果,结合上扬子及国外的勘探实际情况,认为有效碳酸盐岩生油岩的有机碳含量最低不得少于0.3%,泥岩有机碳含量最低不得少于1.0%(表4-2)。

① 蔡立国,丁道桂,等.中扬子南缘沉积-构造演化及勘探潜力分析.中石化股份有限公司石油勘探开发研究院无锡实验地质研究所,2001年8月(内部报告).

表 4-2 中扬子南缘海相烃源岩有机质丰度(%)评价标准表

岩类	差烃源岩	较好烃源岩	好烃源岩	最好烃源岩
碳酸盐岩	0.3	0.4～0.6	0.6～1.0	>1.0
泥质岩	0.8～1.0	1.0～1.5	1.5～2.0	>2.0

烃源岩的有机碳划分标准应是指该烃源岩所生成的烃在含油气系统中能够排聚形成工业性油气藏的有机碳丰度最低值。烃源岩的有机碳标准的确定,应以勘探盆地实际资料的统计为基础。梁狄刚通过研究国内外已知商业性油气区烃源岩有机碳含量的统计资料,建议对碎屑岩和碳酸盐岩均采用0.5%的标准。鉴于我国南方海相烃源岩演化程度均比较高,考虑到做演化恢复实际操作的困难,笔者认为以烃源岩有机碳含量标准为碎屑岩0.5%,碳酸盐岩0.3%。

三、高演化程度烃源岩的评价

中古生界地层经过了长期的地质演化,烃源岩演化程度高,经受过多次抬升、剥蚀,其后再下降接受沉积,在多期构造作用控制的背景之下往往经历了多期热演化阶段,因而可能有二次或多次生烃的现象。长期的研究和勘探结果表明,国内外许多盆地的古生界地层都存在二次生烃的现象。如目前正在大规模勘探的塔里木盆地,华北地区下古生界海相碳酸盐岩经历了5亿多年的地质历史,并经过了多次大的构造运动,早期一次成烃的油气藏如果不是在较低的温压状态以及长期良好盖层的保存下,则大部分就已荡然无存了。中下扬子地区中—古生界海相烃源岩具有与上述盆地相似的演化特征,因此,对于研究区高演化程度的烃源岩来说,二次生烃作用的研究是评价烃源岩成烃潜力、预测有利油气区带的重要基础,也是成藏要素中必须考虑的关键因素。

第二节 烃源岩的地球化学特征

一、有机质丰度

中下扬子地区演化程度较高,可溶有机质含量较低,通过对南京和湖北野外露头所取样品的分析,结果表明,不论是碳酸盐岩还是泥质岩,可溶有机质的含量都很低(表 4-3)。处于成熟演化阶段的上古生界烃源岩,可溶有机质的含量较高($S_1>0.1\text{mg}\cdot\text{g}^{-1}$),剩余有机质仍具有较高的生烃潜力,热解烃 $S_2>0.2\text{mg}\cdot\text{g}^{-1}$类;而下古生界高演化烃源岩则表现为可溶有机质的含量较低($S_1<0.1\text{mg}\cdot\text{g}^{-1}$类),剩余有机质生烃潜力很低,反映了古生界烃源岩在长期的演化和风化中,可溶有机质散失严重,可溶有机质的参数受演化程度影响较明显,降低了这些参数作为丰度指标的可靠性。因此,有机质丰度的评价主要以有机碳含量为主。

表 4-3　中下扬子区烃源岩有机质丰度含量统计表

地点	组	层位	岩性	TOC /%	"A"/%	S_1/ (mg·g^{-1})	S_2/ (mg·g^{-1})
随州柳林镇	庄子沟	$\in_1$	藻煤	1.080	0.001 5	0.02	0.03
京山县城北	庙坡	O_1	碳质页岩	0.484	0.008 1	0.07	0.19
京山县城北	宝塔	O_{2-3}	灰岩晶洞沥青	0.252	0.027 8	0.21	0.17
咸宁市董家村	龙马溪	O_3-S_1	泥岩和煤	0.820	0.111 1	0.12	0.27
崇阳县港口乡	坟头	S_1	灰黑粉砂质泥岩	0.109	0.002 0	0.01	0.03
崇阳县港口乡	栖霞	P_2	碳质泥岩	0.841	0.002 6	0.01	0.06
崇阳县港口乡	梁山	P_2	煤	79.70	0.150 6	0.47	71.35
黄沙县官石路	吴家坪	P_3	薄层灰岩	0.671	0.001 5	0.17	0.39
江宁区建设乡	五峰	O_3	灰色含硅质泥岩	0.054	0.003 7	0.04	0.09
江宁区湖山乡	高骊山	C_1	灰黑色页岩	0.181	0.002 1	0.02	0.06
江宁区湖山乡	栖霞	P_1	深灰色灰岩	0.496	0.015 1	0.10	0.22
江宁区水泥厂	大隆	P_2	深灰色页岩	0.493	0.003 6	0.02	0.05

1. 中扬子地区烃源岩有机质丰度

中扬子地区上震旦统灯影组碳酸盐岩烃源岩有机碳含量区间值为 0.04%～1.98%，平均为 0.43%，按黄良汉等(1990)的评价标准(表 4-4)，属好的烃源岩，而依据表 4-2 的评价标准属较好烃源岩。横向上，在湘渝鄂边区建始—澎水一带为最好烃源岩分布区，有机碳含量为 0.9%～1.2%。

下寒武统碳酸盐岩烃源岩有机碳含量区间值为 0.04%～2.85%，平均为 0.21%，部分属较好烃源岩。其中，咸丰一带碳酸盐岩烃源岩有机碳含量比较高，为 0.41%，属较好烃源岩。江汉盆地当阳—潜江一线以南有机碳含量在 0.25%～0.40%之间。

表 4-4　海相地层烃源岩评价标准(据黄良汉等，1990)

烃源岩级别	有机碳含量/%	
	碳酸盐岩	泥质岩
非烃源岩	<0.10	<0.20
差烃源岩	0.10～0.15	0.20～0.40
较好烃源岩	0.15～0.30	0.40～0.60
好烃源岩	0.30～0.60	0.60～1.00
最好烃源岩	>0.60	>1.00

奥陶系烃源岩以碳酸盐岩为主，有机碳含量 0.02%～0.59%，平均为 0.12%，属差烃源岩。

下志留统烃源岩以泥质岩为主，有机碳含量为0.02%～4.13%，其中又以龙马溪组最为典型。在武昌地区，TOC＞1.6%，巴东地区，TOC＞1.2%，当阳—荆门地区，TOC＞1.0%，均属最好烃源岩。在慈利—公安一线以南和万县—神农架一线以北，有机碳含量＜0.4%，其余地区，有机碳含量均在0.4%～1.2%之间，属较好—好烃源岩。

二叠系烃源岩以碳酸盐岩为主，少量泥质岩，有机质丰度普遍较高。中扬子地区碳酸盐岩有机碳含量一般在0.3%～1.0%之间。在石柱—万县—恩施—黔江所围限的区域有机碳含量在0.4%～1.0%之间，其中利川有机碳含量＞1.0%，属最好烃源岩。潜江—汉川所围限的南东向区域，有机碳含量在0.5%～0.8%之间，属好—最好烃源岩。当阳坳陷有机碳含量在0.5%～0.6%之间，鹤峰-五峰区块有机碳含量在0.4%～0.5%之间，这些区块均属好烃源岩。

下三叠统大冶组和嘉陵江组生油岩均以碳酸盐岩为主，有机质丰度普遍较低，有机碳平均含量分别为0.12%、0.09%。江汉盆地三叠系下统嘉陵江组生油岩有机碳含量平均为0.09%，均属差烃源岩①。

2. 下扬子地区烃源岩有机质丰度

下扬子地区中—古生界海相地层发育了上震旦统至上奥陶统和上石炭统至下三叠统两套烃源岩系，有机质含量丰富(表4-5)。中、下寒武统烃源岩已达到或超过良好油源岩标准，其次是上震旦统、上寒武统和中、下奥陶统的烃源岩(汪泽成等，2002)。下三叠统青龙群暗色泥岩和碳酸盐岩，厚2～3km，母质类型以腐泥型和混合型为主，有机质丰度高(表4-6)。泥岩有机碳含量最高达12.53%，灰岩有机碳含量最高达0.70%。泥岩氯仿沥青“A”含量最高达6 108×10^{-6}，灰岩达803×10^{-6}；泥岩总烃含量最高达2 724×10^{-6}，灰岩达1 578×10^{-6}；烃转化率(H/C)平均在6%以上；生油潜量(S_1+S_2)泥岩达2.40 mg/g，灰岩达0.64 mg/g(郭念发等，1998)。

表4-5 下扬子区下古生界烃源岩有机质丰度统计表(据郭念发等，1998)

层位	有机碳/%		沥青“A”/(×10^{-3}mg·g^{-1})	
	碳酸盐岩	泥质岩	碳酸盐岩	泥质岩
中上志留统		0.17(211)		18(4)
下志留统		0.11(239)		8.5(25)
中上奥陶统	0.067(20)	0.34(214)	10(1)	30(4)
下奥陶统	0.12(202)	0.26(127)	16(5)	
上寒武统	0.18(171)	0.48(8)	21(36)	
中寒武统	0.65(66)	1.53(28)	48(46)	12(5)
下寒武统	0.49(74)	3.1(54)	66(16)	47(15)
上震旦统	0.22(148)	1.1(15)	20(7)	

注：表中数据为平均值，括号内为样品数。

① 马力，吴少华，等.南方海相中古生界天然气地质综合研究.杭州南华石油技术开发有限公司，2000年11月(内部报告).

表 4-6 下扬子区下三叠统烃源岩有机碳含量统计表(据杨盛良,1997)

岩性	时代	颜色	有机碳/%		
			最大	最小	平均
泥岩	T_1	黑、灰黑	12.53	0.28	2.040
		深灰	5.34	0.15	1.350
碳酸盐岩	T_1	黑、灰黑	0.52	0.09	0.390
		深灰	0.70	0.01	0.195

研究程度较高的苏北地区古生界烃源岩,暗色泥质岩大都达到生油岩的标准。其中二叠系的暗色泥质岩为较好或好的生油岩,下石炭统高骊山组和中志留统坟头组为差生油岩,下志留统高家边组的暗色泥岩在多数井中有机质含量普遍较低,属差—非生油岩。但是,从揭示高家边组完整的N4井来看,在井深3 809～4 307m井7个样品的有机碳最高为2.67%,最低为0.54%,平均为1.42%,沥青"A"最高为12 950×10^{-6},最低为30×10^{-6},平均为8 039×10^{-6},其中5个样品总烃含量最高为5 136×10^{-6},最低为1 083×10^{-6},平均为4 531×10^{-6},应该是好生油岩(表4-7)。碳酸盐岩烃源岩,下二叠统栖霞组、上石炭统船山组和中寒武系炮台山组的碳酸盐岩为较好生油岩,下三叠统青龙组中石炭统黄龙组和下石炭统和州组的为差生油岩。对下寒武统幕府山组和震旦系灯影组碳酸盐岩来说,似乎未达到生油岩的标准。但是,据华东石油局"六五"期间对下扬子区的研究,认为海相中—古生界生油岩在皖浙和苏南有机质丰度较高,苏北地区较低。从下扬子区来看,这些层位在苏南、皖南、浙江一带是好的烃源岩。在苏北的金湖以西和海安以南地区可达到差生油岩的标准,幕府山组暗色碳酸盐岩的有机碳平均达到0.23%,灯影组的达到0.16%。①

表 4-7 N4井下志留统高家边组暗色泥岩有机质含量

井深/m	岩性	有机碳/%	沥青"A"/×10^{-6}	烃含量/×10^{-6}	总烃/有机碳/%
3 809～3 812	浅灰泥岩	0.54	2 120	1 083	20.06
3 880～3 883	浅灰泥岩	1.63	12 950	5 312	32.59
3 910～3 912	浅灰泥岩	0.95	7 450	4 096	43.12
3 980～3 982	浅灰泥岩	1.17	9 010	5 316	45.44
4 205～4 212	灰黑泥岩	2.67	9 150		
4 306.18～4 306.91	黑灰、灰黑泥岩	1.80	30		

(据N4井完井地质报告,1986)

3. 中下扬子烃源岩有机质丰度对比

纵向上,中—古生界海相烃源岩中,下二叠统(P_1)、下志留统(S_1)及下寒武统(ϵ_1)三套烃源岩有机碳含量较高(表4-8),有机质含量在平面上的分布特征如下:

① 裴振洪,等.苏北南黄海中生里长构造演化与勘探目标优选.中石化勘探开发研究院荆州新区所,2001年8月(内部报告).

表 4-8 中下扬子地区有机质丰度对比表

层位	中扬子区		下扬子区	
	有机碳/%	评价结果	有机碳/%	评价结果
下三叠统	0.12	差		差
二叠系	0.30～1.0	好		好—较好
石炭系	缺			泥岩差,碳酸盐岩较好—差
下志留统	0.02～4.13	好		苏北差,苏南、皖南、浙江好
奥陶系	0.02～0.59/0.12	差	0.11	差,N4 井好
下寒武统	0.04～2.85/0.21	较好	0.49	好
上震旦统	0.04～1.98/0.43	较好	0.22	中—差

下寒武统:中扬子区碳酸盐烃源岩有机碳含量多分布在 0.2%～0.6%之间,平面上分布不均,高值区主要分布在咸宁—通山地区、秭归地区、咸丰地区和慈利—南山坪地区,渝东利川—彭水以西地区有机碳含量普遍低于 0.2%,属非生油岩范畴。泥质烃源岩有机碳含量多分布在 1.0%以上,以恩施地区的丰度最高,达 3.6%左右,其次为慈利-杨家坪地区,约 3.2%左右,再次是通山地区,其有机碳丰度的最高值为 2.4%,渝东利川—彭水以西地区泥岩有机碳含量普遍低于 1.0%,同样属于非生油岩范畴。总体来说,下寒武统烃源岩平面上以湘鄂西地区的丰度最高,次为江汉盆地东南部,渝东利川地区最差(表 4-9)。下扬子区下寒武统烃源岩有机碳含量较高,碳酸盐岩平均为 0.49%,泥岩为 3.1%,都属于好的烃源岩。

表 4-9 不同地区古生界烃源岩有机质丰度分布%

层 位	慈利—南山坪	咸宁—通山	鹤峰—咸丰	利川—彭水
S_1	0.2～0.4	0.4～0.8	1.2～2.2	1.6～2.0
$\in_1$ 泥岩	2.8～3.2	1.6～2.4	3.2～3.6	<1.0
$\in_1$ 碳酸盐岩	0.4～0.6	0.4～0.6	0.2～0.4	<0.2

下志留统:下志留统烃源岩主要发育于下志留统下部,中扬子区为一套浅海盆地—广海陆棚相的碎屑岩沉积,源岩以含碳质页岩、深灰—黑色泥页岩为主,有机碳含量一般为 0.4%～1.6%。高值区在鹤峰地区,最高可达 2.2%,次一级的高值区主要分布在利川—彭水地区、当阳地区和武汉地区,有机碳丰度 1.6%～2.0%(表 4-9)。平面上湘鄂西地区丰度最高,其次是鄂西—渝东地区,江汉盆地南部区块相对最差①。下扬子区相当的层位为高家边组,虽然普遍经历了较大的埋深,氯仿沥青"A"、总烃含量、生油潜量大大降低,多数井中有机质丰度偏低,但在 N4 井中有机碳最高达 2.67%,最低为 0.54%,平均为 1.42%,属于好生油岩。苏皖南部地区、苏北坳陷和江汉盆地及四川盆地该套烃源岩均具有较大的成烃能力,是扬子地区良

① 蔡立国,丁道桂,等.中扬子南缘沉积-构造演化及勘探潜力分析.中石化股份有限公司石油勘探开发研究院无锡实验地质研究所,2001 年 8 月(内部报告).

好的区域性烃源岩之一。好和较好的烃源岩多是泥页岩，有机碳含量大于0.6%的地区占26.48%，大于1.0%的地区也有（文玲等，2002）（图4-1）。

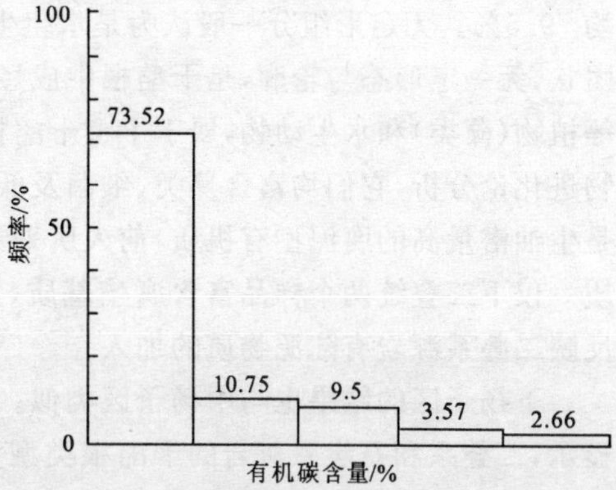

图4-1　扬子区志留系泥质烃源岩有机碳分布直方图（据文玲等，2002）
（直方图上方数字为在扬子区总面积中所占百分比）

下二叠统：碳酸盐岩烃源岩的有机碳含量较高，在苏皖南和江汉盆地平均含量为0.36%，在滇黔桂地区可达0.56%～0.6%（<1%）。下二叠统碳酸盐岩烃源岩从整个南方来看，有机碳达0.1%～0.15%的差烃源岩、0.15%～0.25%的中等烃源岩、0.25%～0.5%的好烃源岩和>0.5%的最好烃源岩的分布面积分别占总分布面积的6.81%、8.65%、9.15%和23.8%。可见，有48.2%的烃源岩的分布面积，而且好—很好烃源岩的分布面积达43.34×$10^4$$km^2$，占总分布面积的32.9%。

上二叠统：是一套非常重要的烃源岩，既有泥质烃源岩，也有石灰岩烃源岩。泥质烃源岩的有机质丰度较高。在苏皖南部地区，有机碳平均含量为1.02%～1.43%，四川盆地平均为2.18%，滇黔桂地区为1.99%，属好—很好的烃源岩，其中的煤岩也是煤成烃的重要源岩。就整个南方来说，好—很好的泥质烃源岩的分布面积占总分布面积的31.98%。可见该套烃源岩具有较大的生烃潜力。碳酸盐岩烃源岩的有机碳含量，苏皖南部地区为0.11%～0.44%，江汉盆地为0.17%～0.48%，四川盆地为0.28%～1.10%，滇黔桂地区平均为0.13%，属较差—好的烃源岩。其中有机碳含量为0.10%～0.15%的差烃源岩、0.15%～0.25%的中等烃源岩、0.25%～0.5%的好烃源岩和>0.5%的很好烃源岩的分布面积占南方碳酸盐岩总分布面积的50.20%、19.35%、22.20%和8.25%，也不乏生烃潜力，由于陆源高等植物发育，其有机质类型以腐殖型至腐殖—腐泥型为主（胡书毅等，1999）。

二、有机质类型

烃源岩有机质类型是油气形成的重要因素之一，它决定了烃源岩生烃能力的大小。不同成因类型有机质在油气组成、性质等方面都有明显的差异，对于一个地区的产烃能力、生油规模以及油气组成性质都将产生重大影响。中下扬子地区由于烃源岩演化程度较高，干酪根元素的组成、红外官能团的结构性质和热解分析判别指标受热演化程度影响大，而干酪根镜检、干酪根碳同位素和生物标志化合物这三项指标受热演化程度影响相对较小。通过这三项资料分析，中扬子区烃源岩中除二叠系泥质岩母质类型以Ⅲ型（腐植型）为主外，其余烃源岩母质类型均以Ⅰ型（腐泥型）为主[①]。从干酪根类型上看，烃源岩生烃潜力极大。下扬子区研究表明：下古生界烃源岩有机质类型以腐泥型为主；上古生界烃源岩除煤系地层属腐殖型外，一般以混合型为主；三叠系烃源岩有机质类型兼有腐泥型和腐殖型共同的特点（郭念发等，2002）。

1. 干酪根镜检

根据中石化股份有限公司石油勘探开发研究院无锡实验地质研究所蔡立国等（2001）在中扬子区所采集的二叠系、志留系、奥陶系、寒武系以及上震旦统烃源岩样品干酪根镜下观察结

① 张国伟，等. 扬子中段及周邻盆山关系、沉积充填特征与油气勘探潜力研究. 西北大学，2001年9月（内部报告）.

果，干酪根主要由絮团状无定形和少量沥青、黄铁矿组成，以无定形为主，约占65%～99%，平均79.5%。无定形组分一般认为是水生生物和藻类分解的产物，在透射光下呈黄、黄褐色，絮团状，无一定形态与轮廓，是干酪根中成烃的主要组分，表明上述烃源岩有机质主要来源于低等植物(藻类)和水生动物，属于Ⅰ型干酪根。另外，下古生界有机质类型从其古沉积环境及生物进化论分析，它们均富含藻类、细菌及低等水生浮游生物，富含类脂组一腐泥组有机质，无疑是生油潜量高的腐泥型有机质，前人所采集的大量井下样品经扫描电镜检测多属于Ⅰ型有机质。仅下二叠统两个样品富含腐殖基质(占69.5%～77.0%)，含有少量的镜质组和惰质组，反映二叠系源岩有陆源物质的加入。

下扬子区的结果也与中扬子区类似。苏北N13井生油岩干酪根镜下鉴定结果(表4-10)显示，二叠系和石炭系灰岩的干酪根类型大多属于Ⅱ型，无定形腐泥质组分含量达到50%～70%，反映其母质来源于低等水生生物。在惰质组和镜质组组分中，惰质组含量大都超过镜质组，反映灰岩中惰质组可能属于再循环的有机组分。上三叠统青龙组泥岩的腐泥质组分高达96%，属典型的Ⅰ型干酪根。上二叠统龙潭组和大隆组煤系地层，镜质组和惰质组含量超过50%，腐泥组含量占34%～45%，表明其生源以陆生高等植物为主，大多属于Ⅲ型干酪根，但亦有相当数量的低等水生生物混入，存在$Ⅱ_2$型干酪根。比较特殊的是下二叠统孤峰组泥质生油岩，黑色泥岩腐泥组组分含量近于50%，次为镜质组，具有$Ⅱ_2$型干酪根的特征，但硅质泥岩的惰质组含量高达60%，腐泥组仅占17%，可能属于再循环的有机质，生烃潜力较差①。

表4-10 苏北N13井生油岩干酪根镜鉴结果

编号	层位	岩性	深度/m	有机组分/%				类型划分
				腐泥组	壳质组	镜质组	惰质组	
4	T_1q	泥岩	1 434.56～1 435	96	1	3	0	Ⅰ
5	P_2d	泥岩	1 453～1 463	40	0	30	30	Ⅲ
7	P_2l	煤	1 502～1 547	0	0	85	15	Ⅲ
9		泥岩	1 585～1 592	35	10	25	30	Ⅲ
10		泥岩	1 628～1 639	45	5	30	20	$Ⅱ_2$
12	P_1g	泥岩	1 767～1 771	47	3	35	15	$Ⅱ_2$
13		硅质泥岩	1 774～1 781	17	3	20	60	Ⅲ
15	P_1q	灰岩	1 881.84～1 882.5	50	2	3	45	$Ⅱ_2$
16		含泥灰岩	1 935～1 942	70	0	10	20	$Ⅱ_1$
19	C_3c	灰岩	2 155～2 160	65	0	25	10	$Ⅱ_2$
20	C_2h	灰岩	2 200～2 205	75	5	10	10	$Ⅱ_1$
21		灰岩	2 240～2 245	70	5	5	20	$Ⅱ_1$

2. 干酪根碳同位素

从中扬子南缘三套主要烃源层系的干酪根$\delta^{13}C$值分布图(图4-2)看出，有机质类型主要集中于Ⅰ型，其次为Ⅱ型，反映出中扬子南缘古生界各生油层系原始生油母质类型以腐泥型为主，主要来自水生生物和藻类，属于好的油源岩，兼有少量混合型母质。因此，中扬子地区南缘早古生界下寒武统和下志留统生油层系有机母质主要来自水生生物和藻类，形成以无定型组

① 裴振洪，等.苏北南黄海中古生界构造演化与勘探目标优选.中石化勘探开发研究院荆州新区所，2001年8月(内部报告).

分为主的Ⅰ型干酪根，属于好油源岩①。

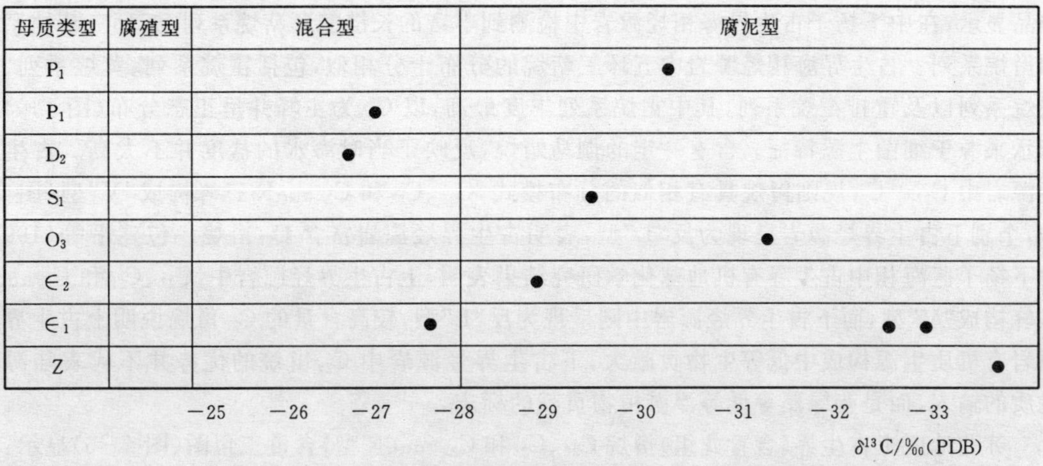

图 4-2　中扬子南缘古生界烃源岩干酪根 $\delta^{13}C$ 值分布图

苏北地区海相中—古生界生油岩干酪根碳同位素反映，中、下寒武统主要为Ⅰ型干酪根，上二叠统龙潭组、下石炭统高骊山组（C_1g）和上泥盆系五通组（D_3w）为Ⅲ型干酪根，余其层位均为Ⅱ型干酪根（图 4-3）②。

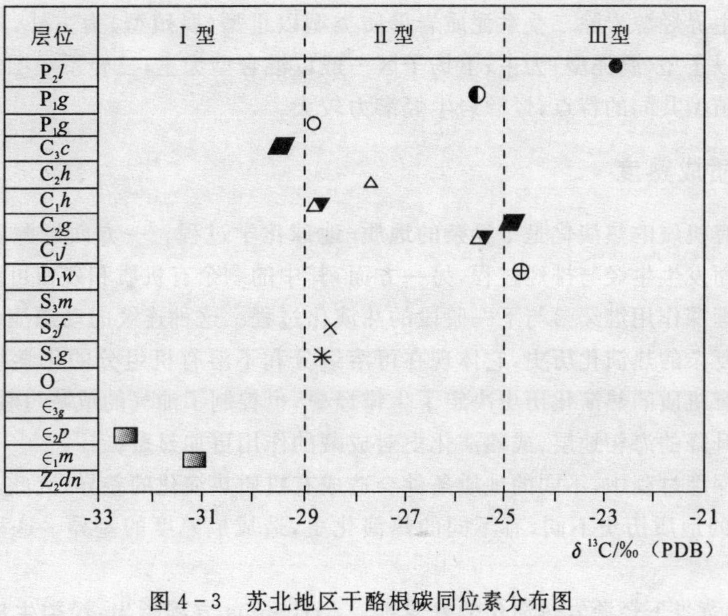

图 4-3　苏北地区干酪根碳同位素分布图

① 蔡立国，丁道桂，等. 中扬子南缘沉积-构造演化及勘探潜力分析. 中石化股份有限公司石油勘探开发研究院无锡实验地质研究所，2001 年 8 月（内部报告）.

② 裴振洪，等. 苏北南黄海中古生界构造演化与勘探目标优选. 中石化勘探开发研究院荆州新区所，2001 年 8 月（内部报告）.

3. 生物标志化合物

生物标志化合物是较稳定的有机质，它能直观地提供有关有机质的生源构成。野外所取样品显示，在中下扬子古生界海相烃源岩中检测到丰富的长链三环萜烷系列、五环三萜烷系列和甾烷系列。古生界海相烃源岩中五环三萜烷的分布十分相似，包括霍烷系列、莫烷系列、新霍烷系列以及重排霍烷系列，其中霍烷系列丰度最高，以 C_{30} 为主峰并呈正态分布(图 4-4)，指示来源于细菌生源特征。含有一定的伽马蜡烷，反映了当时海水的盐度并不太高。古生界烃源岩中 C_{27}—C_{29} 规则甾烷具有相似的分布模式，C_{27}、C_{28} 和 C_{29} αααR 三峰构成"V"型(图 4-5)，个别下古生界烃源岩呈现为反"L"型，表明古生界烃源岩富含 C_{27} 甾烷。包建平等(1996)对下扬子区海相中古生界有机地球化学研究结果表明，上古生界烃源岩中，C_{27}、C_{28} 和 C_{29} αααR 三峰构成"V"型，而下古生界烃源岩中则呈现为反"L"型，较高含量的 C_{27} 甾烷说明上古生界烃源岩有机质生源构成中低等生物贡献大，下古生界烃源岩中 C_{29} 甾烷的优势并不代表陆源有机质的输入，而是蓝绿藻等低等浮游植物贡献的标志。

苏北地区上古生界(含青龙组)甾烷 C_{27}、C_{28} 和 C_{29} (αααR 型)含量三角图(图 4-6)显示：青龙组的油样及岩样以及栖霞组个别样品处于开阔海环境，母质类型较好，应属于Ⅱ型；龙潭组样品处于大陆环境，其母质类型较差，应属于Ⅲ型；其余均在海湾区内，其母质类型属Ⅱ型，但稍差一些。总之，苏北地区在海相地层中，下古生界生油岩主要为Ⅰ型母质，但志留系部分为Ⅱ型，上古生界和青龙组以Ⅱ型为主，亦有Ⅲ型的，如龙潭组(P_2l)、高骊山组(C_1g)和五通组(D_3w)①。

有机质的类型研究表明，中下扬子区烃源岩中下古生界烃源岩有机质类型以Ⅰ型(腐泥型)为主；上古生界烃源岩除二叠系泥质岩母质类型以Ⅲ型(腐殖型)为主外，其余烃源岩母质类型中扬子区以Ⅰ型(腐泥型)为主；下扬子区一般以混合型为主；三叠系烃源岩有机质类型兼有腐泥型和腐殖型共同的特点，烃源岩生烃潜力较大。

三、有机质成熟度

烃源岩中有机质的热演化是个复杂的地质-地球化学过程。一方面烃源岩中原始有机质随热演化作用而发生生烃与排烃过程，另一方面，其中的剩余有机质和残留可溶有机组分又会随着进一步的埋深作用继续参与下一阶段的热演化过程。这种连续的动态演化过程构成了烃源岩中有机质复杂的热演化历史，它体现在可溶组分和不溶有机组分的化学组成和光学特征上。烃源岩中有机质的热演化历史决定了生排烃史，也控制了油气的成藏过程，尤其是南方古生界经过多期升降的海相地层，成熟演化史对成藏的作用更加显著。

有机质在深埋过程中，不同的地质条件会造成有机质热演化的差异，因此，不同的层位、不同地区所经历的地质历史不同，有不同的热演化史，造成成熟度的差异。这种地质因素主要有：

(1)热传导背景下烃源岩热演化的差异性。Arrhenius 方程指出：烃类生成速率与温度呈指数关系，与时间成正比关系。但由于基底热流、沉降幅度和沉降史的差异，不同部位的成熟门限和生烃史不同。

(2)热流体活动对有机质热演化和生烃作用的影响。由于异常热流体活动(如岩浆活动)

① 裴振洪，等. 苏北南黄海中古生界构造演化与勘探目标优选. 中石化勘探开发研究院荆州新区所，2001 年 8 月(内部报告).

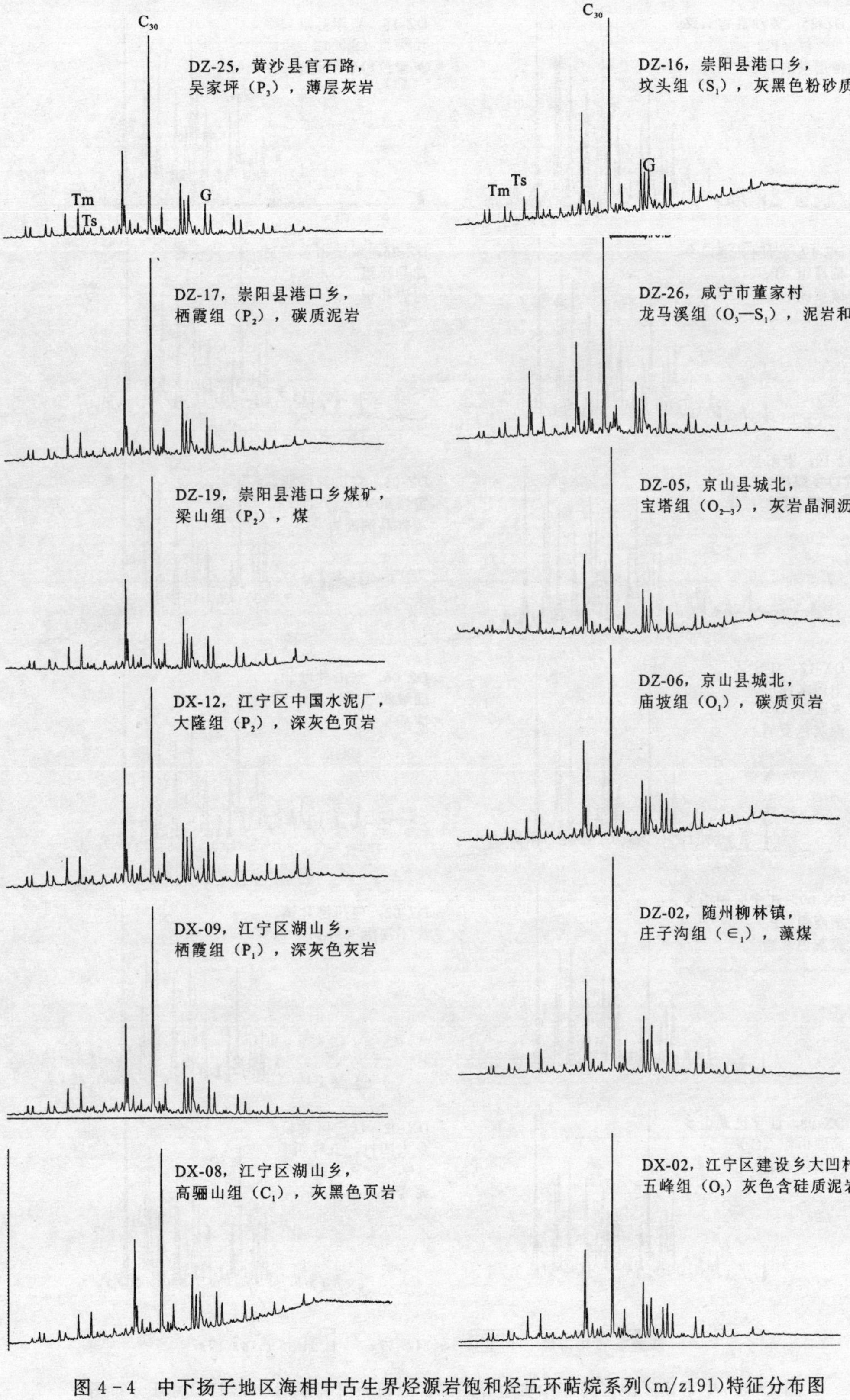

图 4-4　中下扬子地区海相中古生界烃源岩饱和烃五环萜烷系列（m/z191）特征分布图

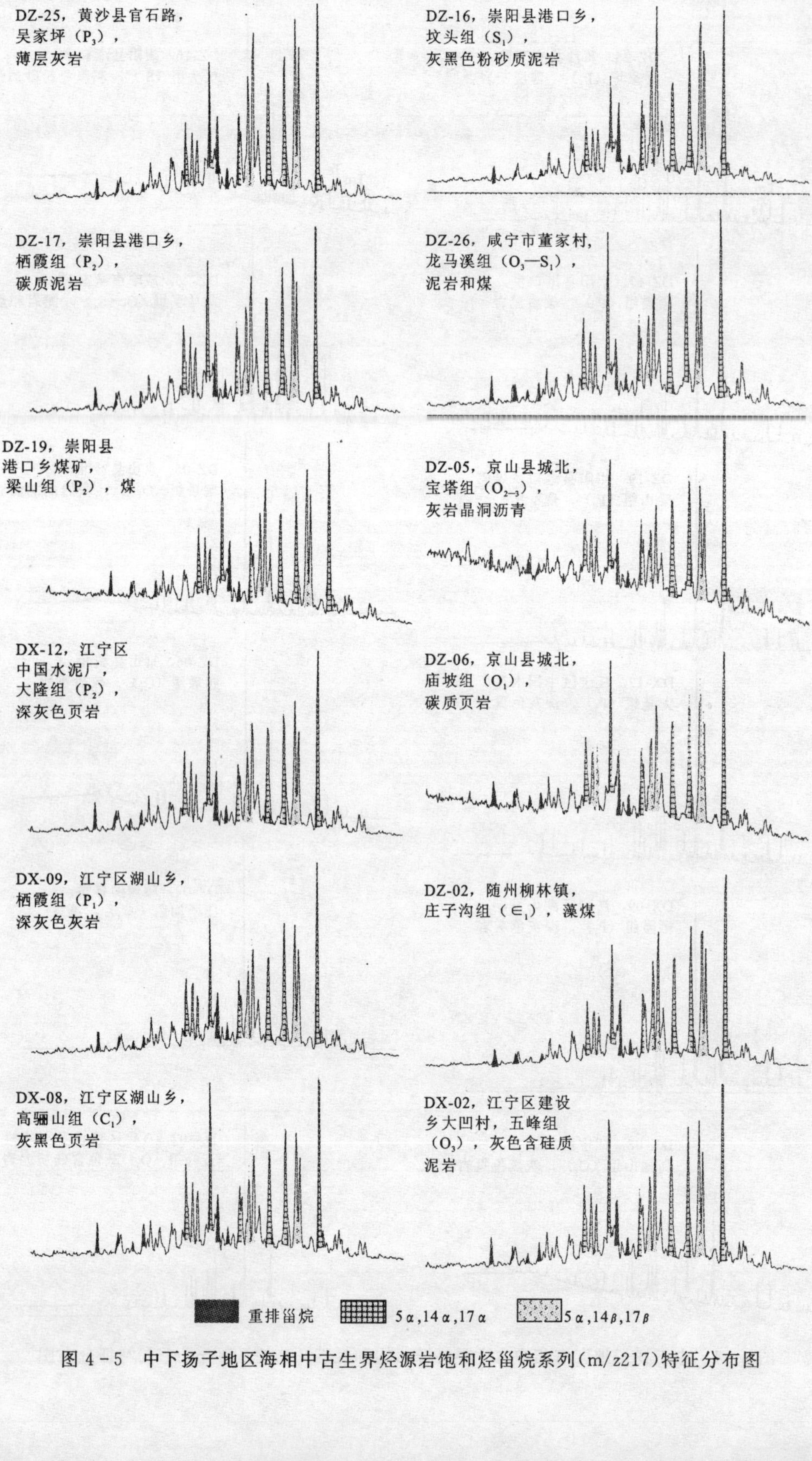

图 4-5 中下扬子地区海相中古生界烃源岩饱和烃甾烷系列（m/z217）特征分布图

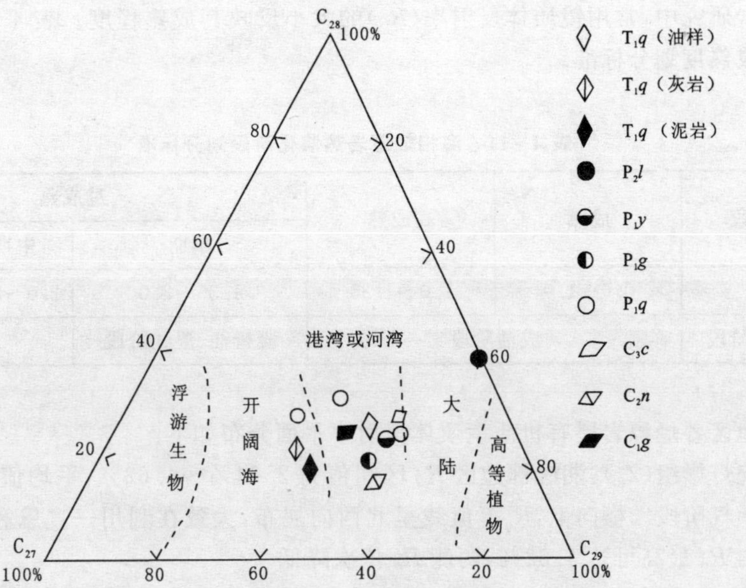

图 4-6　甾烷 C_{27}、C_{28}、C_{29}（αααR 型）三角图

对有机质热演化有明显影响，盆地不同部位有机质成熟度差异很大。

（3）异常超压流体对有机质热演化的抑制作用。压力对有机质热演化和油气生成的作用存在不同的观点：①压力对有机质热演化和油气生成无明显影响（Monthiux 等，1988；Huang，1996）；②压力加速烃类的裂解（Braun 和 Burnham，1990）；③压力增加明显抑制有机质的热演化和生烃作用（McTavish，1998；Price，1995）。有机质热演化和生烃作用的高压模拟实验要求实验设备具有极高的承压能力和封闭性能，因此，与有机质热演化的自然过程相比，存在明显的缺陷。但有机质高压模拟实验还是显示：压力对有机质热演化产生影响，但其抑制作用是有条件的，压力必须达到某一最低门限值，而且要求压力作用较长时间。图 4-7 为东濮凹陷濮深 7 井 R_o 随深度变化图，可以看出，R_o 值随深度的变化而增大，R_o 分布呈两段式：正常演化段（倾斜段）和超压抑制段（直立段）。而且，濮深 7 井在 5 537.5～5 582m 井段，全脱气分析中甲烷含量小于 60，在 5 613.2m还见浅棕色凝析油。反映了高压对有机质演化的抑制作用。

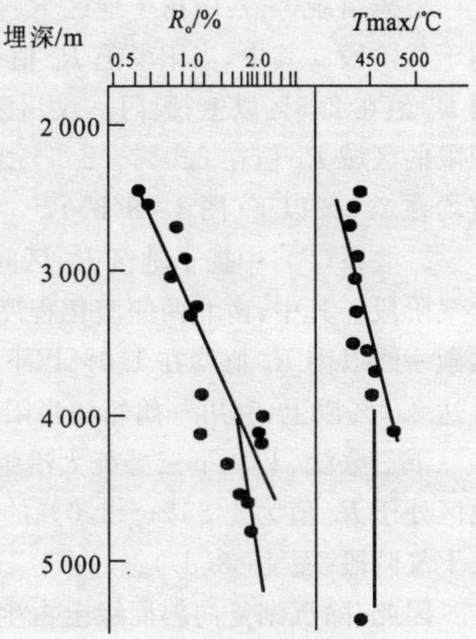

图 4-7　东濮凹陷濮深 7 井 R_o 随深度变化图

目前研究烃源岩中有机质热演化作用的方法和指标很多，但就海相烃源岩和前志留系的高演化下古生界烃源岩而言，其有机质热演化作用的研究仍是当今有机地球化学领域中的难题。目前仍以有机质镜质体反射率、热解峰温、以及生物标志化合物等指标来确定有机质的成熟度。

1. 镜质体反射率 R_o

在烃源岩研究中，常用镜质体反射率(R_o)的大小反映其成熟程度。表 4－11 是扬子地区各烃源岩层成熟度划分标准。

表 4－11　海相烃源岩热演化阶段划分标准

演化阶段	成熟	高成熟	过成熟		
			早期	中期	晚期
R_o/%	0.6～1.0	1.0～1.35	1.35～2.0	2.0～3.0	＞3.0
油气形成阶段	成油阶段		凝析油、湿气阶段	干气阶段	

中扬子地区各烃源岩层有机质镜质体反射率平面分布如下：

上震旦统灯影组(Z_2^2)：湘渝鄂边区 R_o 区间值为 2.64%～4.62%，平均值为 3.53%，处于过成熟晚期干气阶段。横向上，R_o等值线呈北西向展布，大致在利川—宣恩和桑植高值区 R_o ＞4.0%，区内 R_o 最高可达 4.62%，两侧 R_o 依次降低。

下寒武统($\in_1$)：中扬子地区 R_o 区间值为 2.00%～5.00%，平均值为 3.48%，处于过成熟晚期干气阶段。其中，当阳坳陷 R_o 值平均在 3.5%以上，最高达 5.0%以上；咸丰、建始和慈利所围限的区域 R_o 值在 3.0%～4.5%之间，而利川、恩施在 4.5%以上；潜江、天门和嘉鱼所围限的区域 R_o 值在 2.0%～4.0%之间(图 4－8(a))。

下志留统(S_1)：中扬子地区 R_o 区间值为 1.5%～3.5%，平均值为 2.50%，处于过成熟中期干气阶段。其中，当阳坳陷 R_o 值平均在 2.5%以上，最高达 3.5%以上；云阳—涪陵一线以西 R_o 值在 2.5%以上；天门—汉川区块 R_o 值在 2.0%～2.5%之间；黔江、桑植、利川和建始所围限的区域 R_o 值在 2.0%～2.5%之间；黔江—桑植一线以南和利川—建始一线以北地区，R_o 值均在 2.0%以下(图 4－8(b))。

二叠系(P)：中扬子地区 R_o 区间值为 1.0%～3.0%，平均值为 2.09%，处于过成熟中期干气阶段。其中，南北两侧演化程度较低，即在奉节—神农架—钟祥一线以北和酉阳—慈利—洪湖一线以南 R_o 值均在 1.0%以下；西部梁平地区的烃源岩演化程度在全区最高，最高 R_o 值可达 3.0%以上，利川—鹤峰和当阳区块 R_o 值在 1.5%～2.5%之间①(图 4－8(c))。

下三叠统(T_1)：下三叠统大冶组于沉湖地区大多处于 R_o 值小于 1.35%的成油阶段；建南地区处于 R_o 值为 1.35%～2.0%的凝析油—湿气阶段；而当阳地区 R_o 值大于 2.0%，多已进入干气阶段(图 4－8(d))。

因此，除沉湖复向斜周缘上古生界地层可以液态烃为勘探对象外，其余地区整个古生界只能以气态烃为勘探对象②。

下扬子地区就 N13 井所揭示的上古生界烃源岩，其 R_o 值介于 0.6%～1.3%之间，处于液态窗范围内。不同层位烃源岩 R_o 值有所不同，三叠系青龙组 R_o 值小于 0.7%，处于较低热演

① 张国伟，等. 扬子中段及周邻盆山关系、沉积充填特征与油气勘探潜力研究. 西北大学，2001 年 9 月(内部报告).

② 戴世昭，等. 中扬子地区海相地层油气保存及富集规律研究. 1990 年 6 月(“七五”国家攻关项目报告).

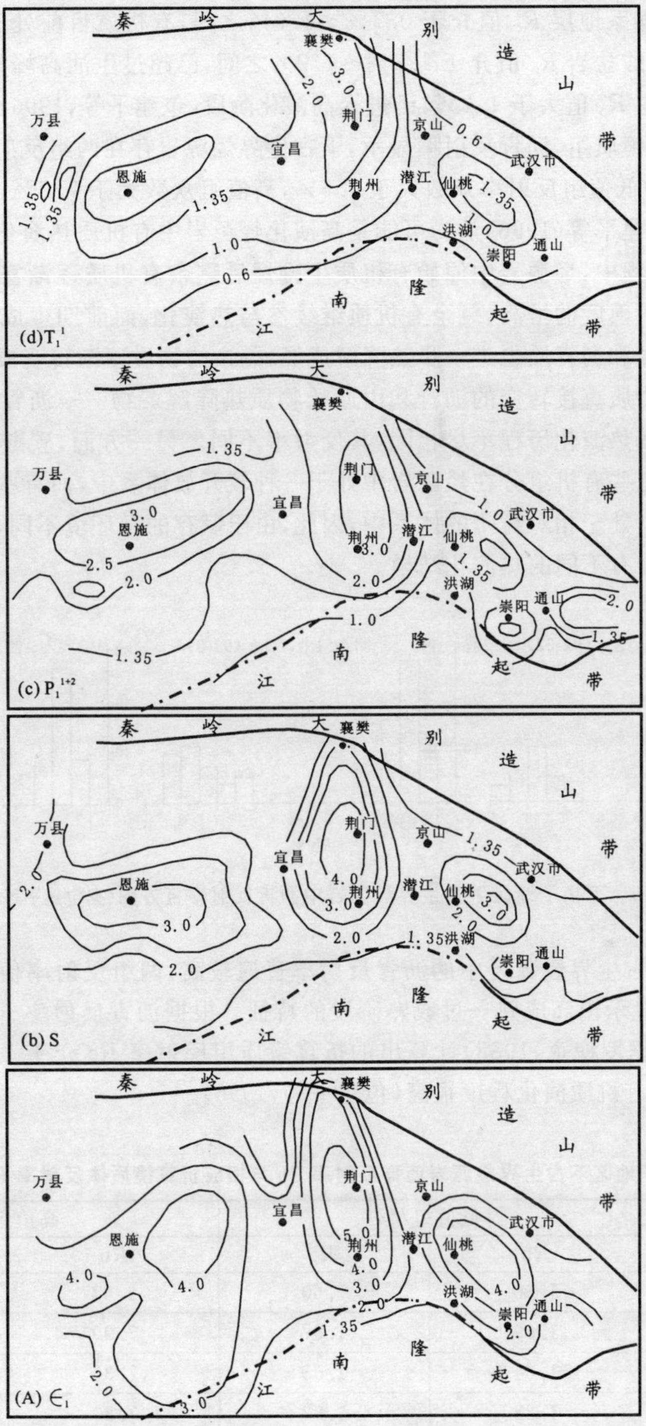

图 4-8　中扬子地区干酪根反射率 R_o(%)等值线图(戴世昭,等,1990)①

---

① 戴世昭,等.中扬子地区海相地层油气保存及富集规律研究,1990 年 6 月("七五"国家攻关项目报告).

化阶段；上二叠统煤系地层 R_o 值介于 0.7%～1.0%之间，有机质目前处于生油高峰阶段；下二叠统硅质岩和碳酸盐岩 R_o 值介于 1.0%～1.2%之间，已超过生油高峰期，达到凝析油气阶段；石炭系烃源岩中 R_o 值大于 1.2%，已进入高演化阶段(包建平等，1996)。

下古生界缺乏镜质组，沥青反射率显示，下古生界烃源岩存在两组反射率值相差数倍的沥青(图 4-9)。其中低值组反射率众数大于 1.5%，高值组众数大于 7.0%，且两组反射率值不连续。这种现象包建平等(1996)认为可能是高演化烃源岩中有机质热演化的一种特性。一方面由于在热演化过程中，烃源岩中原始有机质生排烃后剩余有机质逐渐富碳、芳构化，使反射率不断升高，随着成熟度的增高，剩余有机质继续参与热演化，而前期生成的烃类物质热降解转变成轻组分，非烃和沥青质也进一步热降解成烃，剩余的物质逐渐转变成高度聚合的沥青组分。因此，由原始物质直接转变的沥青和由原始物质热降解产物——沥青质和非烃转变成的高度聚合的沥青，其热演化历程不尽相同，其反射率不同。另一方面，碳酸盐岩中有机质的赋存形式极其复杂，有些有机组分在烃源岩中处于一种较开放体系中，而有些有机组分则封存在碳酸盐矿物的晶间，处于相对封闭的体系中，因此，由于赋存的微环境不同，尽管在相同的热演化条件下，也可能会有不同的热演化结果。

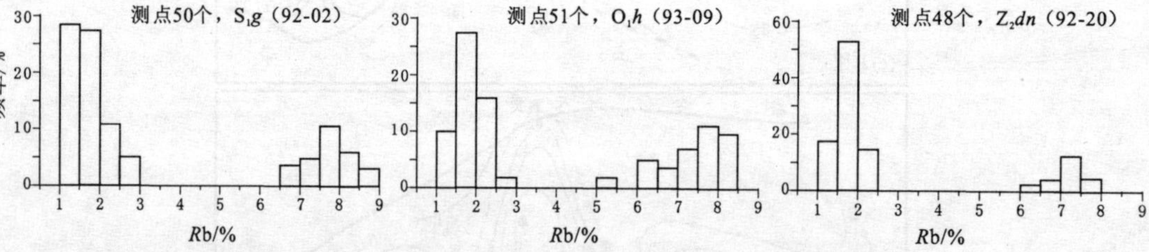

图 4-9　下扬子地区下古生界烃源岩中沥青反射率直方图(据包建平等，1996)

下扬子地区下古生界烃源岩中的沥青反射率普遍较高，两组反射率值分别高于 1.6%和 6.0%(表 4-12)，显示出高成熟—过成熟阶段的特征。根据沥青反射率 $R\mathrm{b}$ 与镜质组反射率 $R\mathrm{c}$ 间的回归方程(据罗槐章，1988)计算出的折算镜质组反射率 $R\mathrm{c}$ 介于 1.6%～3.5%，可见下古生界烃源岩中有机质演化程度很高(包建平等，1996)。

表 4-12　下扬子地区下古生界烃源岩沥青反射率 Rb 与相应折算镜质体反射率 Rc(据包建平，1996)

层位	低值组/%		高值组/%	
	$R\mathrm{b}$	$R\mathrm{c}$	$R\mathrm{b}$	$R\mathrm{c}$
S_2f	1.60	1.60	6.62	3.57
S_2g	1.69	1.67	7.99	3.83
O_3t	1.64	1.63	7.36	3.72
O_1	1.88	1.82	7.30	3.71
$\in_3g$	1.59	1.59	8.07	3.85
$\in_1p$	2.17	2.01	6.74	3.60
$\in_1m$	1.66	1.65	6.45	3.54
Z_2dn	3.24	2.58	7.11	3.67
$R\mathrm{c} = 0.9442 + 1.3898 \ln R\mathrm{b}$(据罗槐章，1988)				

2. 干酪根热解

中扬子地区热解具有热解峰温(*T*max,℃)高,热解烃(S_2)和氢指数(*HI*)低的特点(表 4-13)。野外露头样品分析结果显示,古生界烃源岩热解峰温 *T*max 几乎大于 500℃,只有庄子沟和龙马溪两个样品出现异常,热解峰温 *T*max 小于 500℃,氢指数全部小于 100mg·g^{-1} TOC,均处于过成熟阶段。

表 4-13 中扬子地区古生界烃源岩热解参数表

地点	组	层位	岩性	*T*max/℃	S_1/(mg·g^{-1})	S_2/(mg·g^{-1})	*HCI*/(mg·g^{-1})	*HI*/(mg·g^{-1})
京山七宝山村	大冶	T_1	灰岩	482	0.02	0.02	46.51	46.51
黄沙县官石路	吴家坪	P_3	薄层灰岩	511	0.17	0.39	25.34	58.12
京山七宝山村	龙潭	P_3	含碳含硅质泥岩	520	0.01	0.06	0.75	4.48
崇阳县港口乡	栖霞	P_2	碳质泥岩	589	0.01	0.06	1.19	7.13
崇阳县港口乡	栖霞	P_2	裂缝沥青充填灰岩	547	0.03	0.36	1.80	21.56
崇阳县港口乡	梁山	P_2	煤	509	0.47	71.35	0.59	89.52
崇阳县港口乡	坟头	S_1	灰黑色粉砂质泥岩	505	0.01	0.03	9.17	27.52
京山县城南	龙马溪	S_1	泥岩	418	0.01	0.02	3.30	6.60
咸宁市董家村	龙马溪	O_3-S_1	泥岩和煤	570	0.12	0.27	14.63	32.93
京山县城北	宝塔	O_{2-3}	晶洞沥青灰岩	504	0.21	0.17	83.33	67.46
京山县城北	庙坡	O_1	碳质页岩	500	0.07	0.19	14.46	39.26
随州柳林镇	庄子沟	$\in_1$	藻煤	415	0.02	0.03	1.85	2.78

下扬子地区中古生界烃源岩层位越新,*T*max 值越低,层位越老,*T*max 值越高,且随烃源岩层位变老,*T*max 值呈现出递增的趋势(图 4-10)。如三叠系青龙组烃源岩 *T*max 值介于 430~440℃,平均为 435℃;而下古生界烃源岩的 *T*max 值大多高于 500℃,有的样品中甚至高达 600℃,表明下扬子地区下古生界烃源岩的有机质演化程度远高于上古生界烃源岩(包建平等,1996)。

在下扬子地区中古生界烃源岩氢指数 *HI* 和降解率 *D* 与 *T*max 值的关系图中,随着烃源岩 *T*max 值升高,演化程度增强,氢指数 *HI* 和降解率 *D* 等参数均因热降解成烃而逐渐下降,但在 *T*max 值约为 520~530℃处,即相当于高成熟阶段的上限,各参数降低至最小值,然后随着 *T*max 值继续升高,各参数没有下降反而升高,表现出过成熟阶段烃源岩有机质类型变好、生烃潜力增高的异常现象(图 4-11)。这可能反映了过成熟阶段烃源岩中的剩余有机质仍有一定的生烃能力,而且,矿物晶间的有机质和碳酸盐岩中结合有机质和包体有机质在过成熟阶段释放,也可能残留于烃源岩中的一些极性组分如非烃和沥青质在高演化阶段会再次发生热降解生烃(包建平,1996)。

从以上镜质体反射率和热解资料结果来看,中下扬子地区中古生界烃源岩有机质的热演化程度普遍较高,上古生界及中生界海相烃源岩基本上处于生油晚期阶段,下古生界烃源岩大部分已经进入过成熟干气阶段。但是,由于碳酸盐岩有机质赋存形式的多样性和古生界烃源

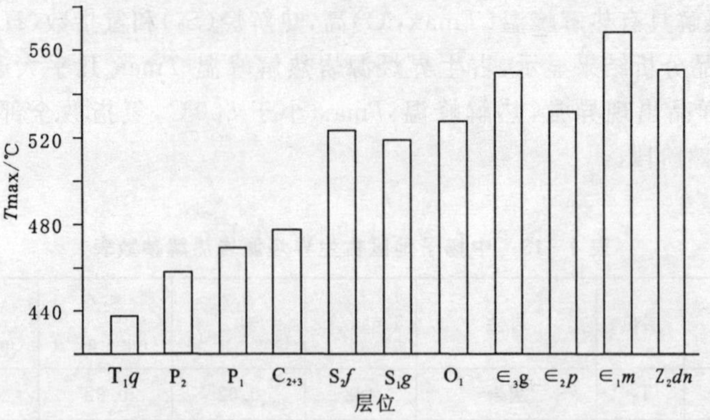

图 4-10　下扬子地区海相中古生界不同层位烃源岩 Tmax 值分布直方图

(据包建平等,1996)

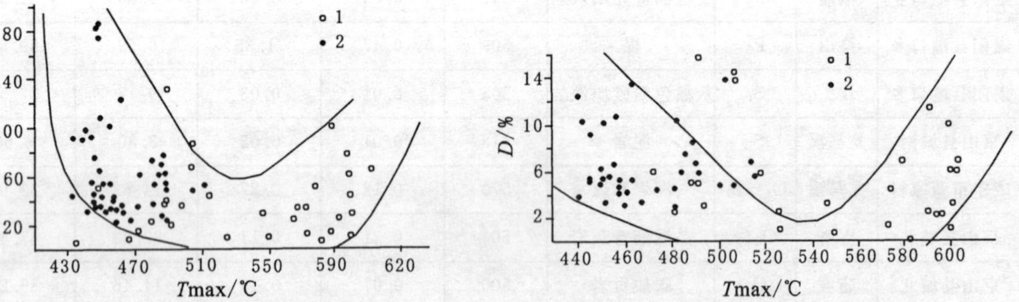

图 4-11　下扬子地区海相中古生界烃源岩热解参数与 Tmax 值关系图(据包建平等,1996)

1.上古生界;2.下古生界

岩演化的复杂性,高演化程度的烃源岩有机质镜质体反射率影响因素较多,如原始沉积物在压实和成岩过程中异常压力的产生或存在,以及富氢镜质组都会对 R_o 值产生抑制作用,在同等演化程度下,煤的反射率最高,泥岩次之,碳酸盐岩最低,使得 R_o 值的变化更加复杂。另外,如前所述,由于下古生界海相地层震旦系上统—二叠系地层中尚未出现高等植物,其干酪根组成中无镜质体,只能通过测沥青反射率,然后根据经验公式换算而得,所以碳酸盐岩烃源岩中可能出现原始物质直接转变的沥青和由原始物质热降解产物——沥青质和非烃转变成的高度聚合的沥青两组相差较大的沥青反射率值(图 4-9)。或镜质体较少,而且地层中所具有的镜质体是否是原生的很难确定,野外所取样品测得的反射率多数出现两组,甚至多组或反射率值很分散的现象(图 4-12),有可能是外来碳屑带来的再改造产物。因此,单独应用 R_o 值评价有机质成熟度应慎重,在研究成熟度时应综合考虑各种因素的影响。

3. 生物标志化合物

生物标志化合物是较稳定的有机质,是反映成熟度较可靠的指标。

(1)饱和烃族组成及色谱:中下扬子地区从野外所取的样品分析结果总体上显示烃源岩族组成中,中扬子地区上古生界饱和烃含量较低,烃/(非+芳)小于 1,饱芳比低(<1);下古生界两指标相对较高,烃/(非+芳)和饱芳比均大于 1;下扬子地区族组成具有相似特征,烃/(非+

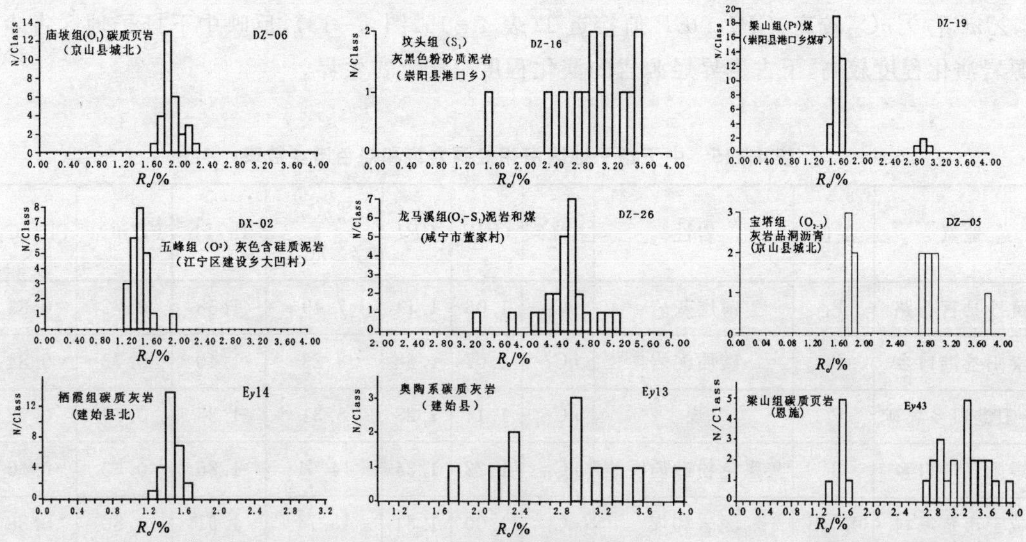

（A）原生镜质体　（B）镜质体反射率分散，为外来碳屑再改造产物　（C）镜质体反射率分两组，为原生和外来碳屑

图 4－12　扬子地区海相中古生界烃源岩镜质体反射率分布直方图

芳)和饱芳比除个别外均小于 1(表 4－14)；反映了下古生界烃源岩演化程度高于上古生界烃源岩的特征，也反映在高演化阶段非烃及沥青质有可能进一步热裂解成烃。这和饱和烃色谱资料的特征是吻合的。

表 4－14　中下扬子地区海相烃源岩族组分组成参数表

地点	组	层位	岩性	族组分/%				烃/非＋沥	饱/芳
				饱和烃	芳烃	非烃	沥青质		
黄沙县官石路	吴家坪	P_3	薄层灰岩	9.52	19.05	57.14	0.00	0.50	0.50
崇阳县港口乡	栖霞	P_2	碳质泥岩	16.67	19.44	27.78	27.78	0.65	0.86
崇阳港口乡煤矿	梁山	P_2	煤	2.98	40.77	6.85	48.21	0.79	0.07
崇阳县港口乡	坟头	S_1	灰黑色粉砂质泥岩	19.23	7.69	42.31	19.23	0.44	2.50
咸宁市董家村	龙马溪	$O_3—S_1$	泥岩和煤	30.36	0.44	1.74	64.05	0.47	69.00
京山县城北	宝塔	O_{2-3}	晶洞沥青灰岩	69.95	4.93	5.42	6.16	6.47	14.19
京山县城北	庙坡	O_1	碳质页岩	32.46	19.30	22.81	14.91	1.37	1.68
随州柳林镇	庄子沟	$∈_1$	藻煤	52.00	20.00	28.00	0.00	2.57	2.60
江宁中国水泥厂	大隆	P_2	深灰色页岩	20.00	15.00	60.00	0.00	0.58	1.33
江宁区湖山乡	栖霞	P_1	深灰色灰岩	19.71	37.02	28.85	12.98	1.36	0.53
江宁区湖山乡	高骊山	C_1	灰黑色页岩	14.29	17.86	57.14	0.00	0.56	0.80
江宁区建设乡	五峰	O_3	灰色含硅质泥岩	14.29	16.67	54.76	14.29	0.45	0.86

饱和烃色谱多呈单峰型，主峰碳以 C_{17} 为主，碳数分布范围集中在低碳数范围，多数低于 C_{20}，$\sum nC_{21}^{-}/\sum nC_{22}^{+}$ 较高，*CPI*、*OEP* 值接近 1（表 4-15，图 4-13），反映中下扬子地区古生界烃源岩演化程度较高，下古生界烃源岩的演化程度高于上古生界。

表 4-15 中下扬子地区海相烃源岩饱和烃色谱参数表

地点	层位	岩性	主峰碳	*OEP*	*CPI*	$\sum nC_{21}^{-}/\sum nC_{22}^{+}$	Pr/Ph	Pr/nC_{17}	Ph/nC_{18}
黄沙县官石路	P_3	薄层灰岩	nC_{17}	1.06	1.14	7.49	1.58	0.72	0.83
崇阳县港口乡	P_2	碳质泥岩	nC_{17}	1.07	1.68	8.23	1.40	0.73	0.84
崇阳港口乡煤矿	P_2	煤	nC_{17}	1.14	1.28	5.31	1.35	0.69	0.72
崇阳县港口乡	S_1	灰黑色粉砂质泥岩	nC_{18}	1.22	1.34	14.01	1.86	0.63	0.66
咸宁市董家村	O_3—S_1	泥岩和煤	nC_{17}	1.00	1.51	15.74	1.61	0.80	0.88
京山县城北	O_{2-3}	灰岩晶洞沥青	nC_{15}	0.99	1.00	8.27	2.35	0.14	0.07
京山县城北	O_1	碳质页岩	nC_{17}	0.99	1.17	14.53	2.15	0.34	0.24
随州柳林镇	$\in_1$	藻煤	nC_{17}	1.04	1.32	7.68	1.13	0.69	0.81
江宁中国水泥厂	P_2	深灰色页岩	nC_{17}	1.02	1.06	7.21	1.81	0.62	0.61
江宁区湖山乡	P_1	深灰色灰岩	nC_{17}	1.04	1.14	2.81	1.79	0.53	0.34
江宁区湖山乡	C_1	灰黑色页岩	nC_{17}	1.05	1.26	8.32	1.05	0.85	0.96
江宁区建设乡	O_3	灰色含硅质泥岩	nC_{17}	0.93	1.30	19.22	1.57	0.83	0.98

（2）甾、萜烷：烃类是甾萜类化合物直接热解的产物，同时不同异构体含量比值也是十分有效的成熟度指标。一般过成熟烃源岩中不含甾萜类化合物，或甾萜类化合物含量很低，但在研究区露头样品的抽提物中普遍富含甾萜类化合物，而且生物构型的异构体含量较高。表 4-16 为中下扬子地区海相中古生界烃源岩中甾萜烷生物标志化合物比值及异构体比值，总体上看，C_{29} 甾烷异构体比值基本落在成熟到高成熟区（图 4-14）。17α(H)-22, 29, 30-三降藿烷（*T*m）与 18α(H)-22, 29, 30-三降藿烷（*T*s）比值均小于 1，而且接近 1，按照评价标准全部处于成熟—高成熟阶段。重排甾烷在烃源岩中普遍存在，但含量普遍较低（图 4-5）。据研究，重排甾烷在中等演化阶段其形成与粘土矿物的催化作用有关，在高演化阶段，重排甾烷的含量与有机质的成熟度密不可分。以上特征表明研究区烃源岩还没有进入过成熟阶段或变质阶段，仍发育活跃烃源岩。

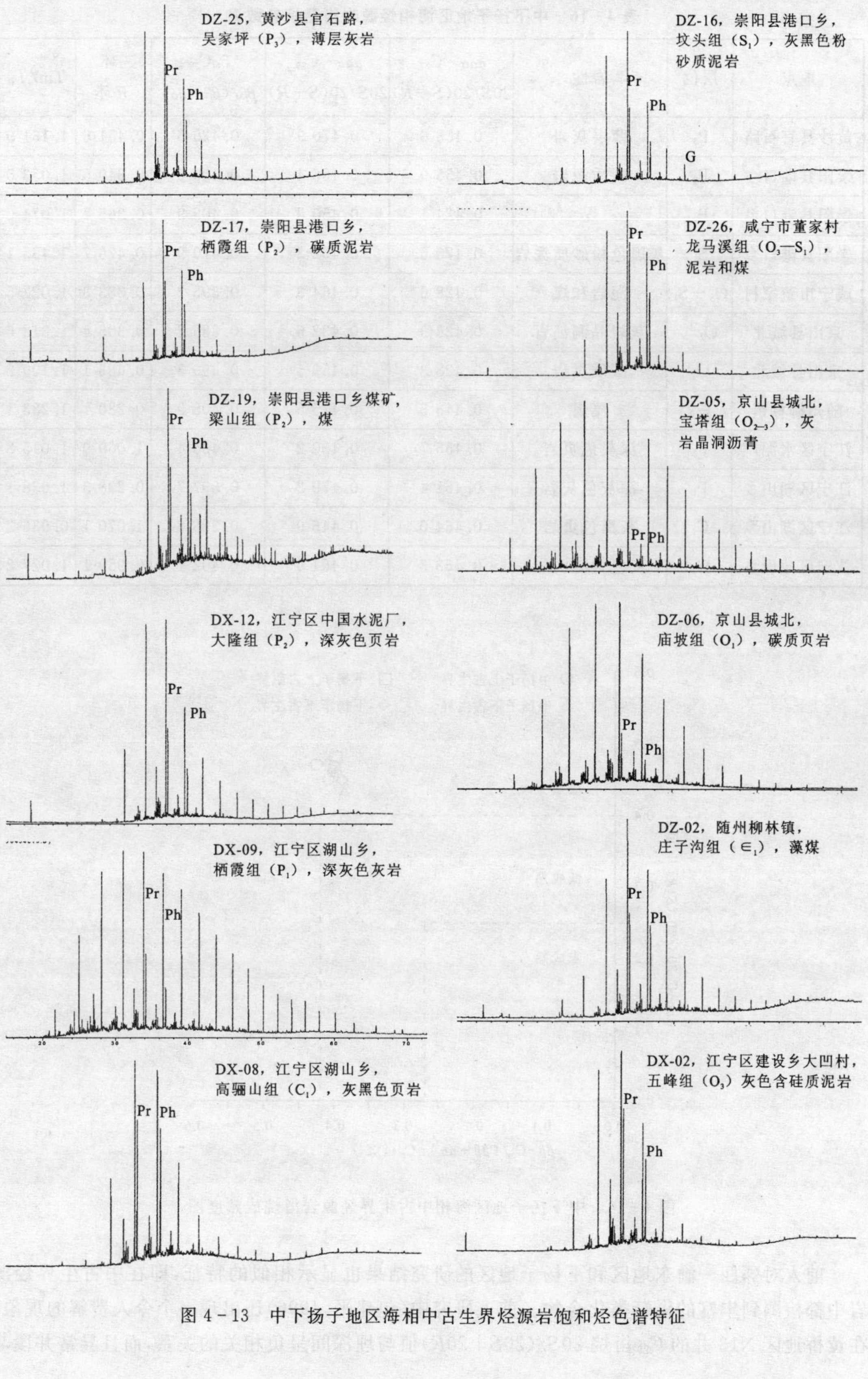

图 4－13　中下扬子地区海相中古生界烃源岩饱和烃色谱特征

表 4-16 中下扬子地区海相烃源岩甾萜烷参数表

地点	层位	岩性	$\alpha\alpha\alpha-C_{27}$ $20S/20(S+R)$	$\alpha\alpha\alpha-C_{29}$ $20S/20(S+R)$	$5\alpha C_{29}$ $\beta\beta/(\beta\beta+\alpha\alpha)$	三环/五环	Tm/Ts
黄沙县官石路	P_3	薄层灰岩	0.453 6	0.470 9	0.425 6	0.451 6	1.161 9
崇阳县港口乡	P_2	碳质泥岩	0.455 9	0.466 4	0.400 6	0.349 5	1.053 0
崇阳县港口乡	P_2	煤	0.424 1	0.450 8	0.408 9	0.365 7	1.074 0
崇阳县港口乡	S_1	灰黑色粉砂质泥岩	0.470 6	0.462 3	0.470 9	0.476 7	1.435 1
咸宁市董家村	$O_3—S_1$	泥岩和煤	0.428 6	0.464 3	0.395 2	0.383 8	1.027 5
京山县城北	O_{2-3}	灰岩晶洞沥青	0.426 0	0.432 6	0.385 2	0.305 4	1.312 6
京山县城北	O_1	碳质页岩	0.428 8	0.459 5	0.399 3	0.688 1	1.109 2
随州柳林镇	$\in_1$	藻煤	0.448 3	0.475 5	0.408 9	0.230 1	1.233 1
江宁区水泥厂	P_2	深灰色页岩	0.455 7	0.450 2	0.405 4	1.069 9	1.015 8
江宁区湖山乡	P_1	深灰色灰岩	0.451 4	0.479 2	0.397 7	0.298 3	1.038 1
江宁区湖山乡	C_1	灰黑色页岩	0.464 0	0.446 9	0.388 8	1.070 1	0.986 2
江宁区建设乡	O_3	灰色含硅泥岩	0.463 3	0.461 9	0.402 1	0.959 1	1.027 2

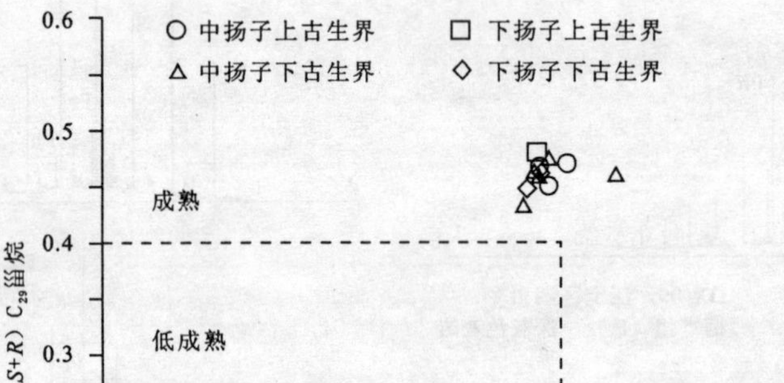

图 4-14 中下扬子地区海相中古生界烃源岩甾烷成熟度图

前人对鄂西—渝东地区和下扬子地区的研究结果也显示相似的特征，即在中古生界烃源岩中都检测到丰富的甾萜类化合物。前人研究中(包建平，1996)还出现一个令人费解的现象，在黄桥地区 N13 井的 C_{29} 甾烷 $20S/(20S+20R)$ 值与埋深间呈负相关的关系，而且异常井段与该井的碳酸盐岩分布层段一致。这一方面说明了不同岩性烃源岩中的不同矿物组成的催化性能不同,碳酸盐岩中的碳酸盐矿物对生物标志化合物异构化作用具有抑制作用;另一方面说明这种现象可能与高演化阶段碳酸盐岩中不同赋存形式有机质的相互转化有关,与前面所提到的下扬子地区下古生界烃源岩中氢指数 *HI* 和降解率 *D* 等在 *T*max 为 520～530℃之后异常增高不无联系。说明中古生界高演化阶段烃源岩中不同有机组分的再次生烃转化,会使其中的有机组成更加复杂,并会干扰其正常的热演化规律,大量的研究证明碳酸盐岩中结合有机质的演化程度低于游离有机质。

从以上对中下扬子地区中古生界海相烃源岩的地球化学特征分析表明:烃源岩具有泥质岩类、碳酸盐岩类和煤岩类多种类型,下寒武统、下志留统和二叠系有机质丰度较高,下古生界以腐泥型为主,上古生界为混合型和腐殖型,具有较高的生烃潜力。有机质虽处于较高的演化阶段,但仍具有生烃能力,尤其是碳酸盐岩中不同赋存形式的有机质,可以提供一定的烃源条件。

第三节　烃源岩的成烃演化

成烃演化史的研究是成藏分析的基础。目前无法在中下扬子地区全区进行成烃模拟,为了再现各烃源岩层有机质的热演化史及油气生成史,只对部分重点地区海相烃源岩进行热演化史分析。

一、湘渝鄂边区

表 4-17 为湘渝鄂边区下古生界烃源岩生烃演化史数据表。从表中看出:上震旦统烃源岩在寒武纪早期开始生油,到志留纪进入生油高峰,自三叠纪开始达到干气阶段;而下寒武统烃源岩在奥陶纪早期开始生油,到石炭纪进入生油高峰,侏罗纪达到干气阶段;奥陶系烃源岩在志留纪末期开始生油,到石炭纪末期达到生油高峰,白垩纪早期进入干气阶段。类似的结果表明:下志留统烃源岩在泥盆纪末期开始生油,到二叠纪达到生油高峰,白垩纪进入干气阶段;二叠系烃源岩在当阳复向斜演化程度相对较高,在三叠纪早期开始生油,到侏罗纪达到生油高峰,白垩纪末期 R_o 值已达到 1.91%,晚第三纪已经处于干气阶段,现今 R_o 值已达到 3.22%;下三叠统大冶组和嘉陵江组烃源岩均在侏罗纪早期开始生油,到白垩纪达到生油高峰期①。

即使是同一烃源岩层,在不同地区,其热演化历程也不尽相同(表 4-18)。沅湖—土地堂复向斜和石柱—万县复向斜二叠系烃源岩演化程度相对较低,均在三叠纪早期开始生油,到侏罗纪末期达到生油高峰,到现今才处于干气阶段,石柱—万县复向斜现今 R_o 值为 2.19%,沅湖—土地堂复向斜现今 R_o 值为 2.05%。当阳复向斜演化程度相对较高,三叠纪以前开始生油,到三叠纪末期达到生油高峰,现今 R_o 值为 3.22%。

① 张国伟,等.扬子中段及周邻盆山关系、沉积充填特征与油气勘探潜力研究.西北大学,2001 年 9 月(内部报告).

表 4-17 中扬子地区上震旦统、寒武系下统、奥陶系烃源岩生烃史

时代	上震旦统碳酸盐岩		下寒武统碳酸盐岩		奥陶系碳酸盐岩	
	产物	R_o/%	产物	R_o/%	产物	R_o/%
∈早期	石油			0.59		
∈末期	石油			0.75		
O早期		0.48	石油			
O末期	石油	0.63	石油	0.91		
S早期					0.49	石油
S末期	石油	0.73	石油	1.02	石油	0.58
D末期	石油	0.90	石油	1.21	石油	0.75
C末期	湿气	1.20	石油	1.53	石油	1.03
P末期	湿气	1.47	湿气	1.80	石油	1.28
T末期	干气	1.71	湿气	2.05	湿气	1.54
J末期	干气	2.13	干气	2.45	湿气	1.95
K末期	干气	2.75	干气	3.07	干气	2.67
E末期	干气	2.80	干气	3.48	干气	3.15
现今	干气	3.64	干气	3.78	干气	3.57

表 4-18 中扬子地区二叠系碳酸盐岩烃源岩在不同地区的生烃史

时代	当阳复向斜		沉湖—土地堂复向斜		石柱—万县复向斜	
	产物	R_o/%	产物	R_o/%	产物	R_o/%
T早期	石油	0.53	石油	0.49	石油	0.49
T末期	石油	0.73	石油	0.64	石油	0.65
J末期	石油	1.11	石油	0.89	石油	0.92
K末期	湿气	1.91	湿气	1.37	湿气	1.45
E末期	干气	2.61	湿气	1.74	湿气	1.87
现今	干气	3.22	干气	2.05	干气	2.19

二、江汉地区

江汉地区下志留统、二叠系和下三叠统烃源层的热模拟结果表明，下志留统烃源岩由于中、上志留统遭受大幅度剥蚀和泥盆系沉积较薄，至早二叠世栖霞期才开始生油，在早三叠世嘉陵江期达到生油高峰。自中三叠世开始，本区进入由海陆交互到陆相的沉积，所以在中三叠世—侏罗纪时期，本区的沉积出现了差异，形成了当阳和仙桃二个凹陷。在当阳凹陷，下志留统烃源岩在中三叠世开始生气，而在仙桃凹陷，生气开始于早侏罗世。现今，当阳地区 R_o值最大可达 6.0%以上，累计生烃强度最大达 $5.0\times10^4 t/km^2$。

二叠系烃源岩在中三叠世巴东期末，当阳凹陷率先进入生油期，到侏罗纪早期达生油高峰，而仙桃凹陷已开始从油向气的转化过程。由此可见，二叠系烃源岩在当阳凹陷和仙桃凹陷始终保持了不同的演化程度，当阳凹陷高于仙桃凹陷。到目前为止，当阳地区 R_o 值最大可达 3.2%，而仙桃地区 R_o 值最大仅为 1.8%左右，在其边缘的凸起区 R_o 值仍小于 1.2%，至今仍具有一定的生烃能力。盆地内最大累计生烃强度达 $1.25\times10^4\ t/km^2$。

下三叠统烃源岩在当阳地区的生油开始于侏罗纪末，早白垩世达到高峰，晚白垩世石油开始转化为天然气。在仙桃地区，生油开始于早第三纪末，至今具有一定的生烃潜力。在钻井和边缘露头区见到的众多二叠系和三叠系油气苗，正说明了这一规律①。

三、苏北地区

华东石油地质局地质研究所(1993)通过定量模拟计算出 R_o 值并编制了海相中、古生界各层系烃源岩热演化程度图。下古生界寒武系和志留系烃源岩在加里东期，大约在志留系沉积时，寒武系烃源岩开始进入生油门限(图 4-15)，$R_o>0.5\%$，古地温 105℃，志留系末才达到生油高峰，R_o 值在大部分地区为 1.0%左右，小海凸起较高，达到 1.32%～1.55%。志留系烃源岩在此期间除兴化—大丰以南，泰兴—南通以北地区外，其他地区尚未进入生油门限。印支期，在中三叠世之前的稳定沉积期，寒武系烃源岩在加里东期热演化的基础上进一步加深，大部分地区已进入高成熟阶段，而泰兴—南通一带以南地区进入裂解气阶段。此期间，志留系烃源岩已进入生油高峰期。燕山早、中期由于受印支—燕山推覆造山运动影响，区内大部分地区古生代地层隆起、遭受剥蚀，烃源岩热演化仅沿长江地区稍有加深外，其他地区基本上不再加深，志留系烃源岩局部进入裂解气阶段。燕山晚期至现今，虽然经历了喜马拉雅晚期三垛构造运动，但总体上在凹陷区大幅度下沉，所以新生界坳陷深凹中的下古生界烃源岩进入“死亡期”，此时原先生成的石油和裂解后的沥青在高温下发生再次裂解，出现二次成烃的演化阶段。

上古生界及海相中生界的烃源岩所经历的热演化史与下古生界有所差别。一般说来，印支晚期至燕山中期上古生界及下三叠统源岩除下二叠统以下地层的烃源岩刚进入生油门限，

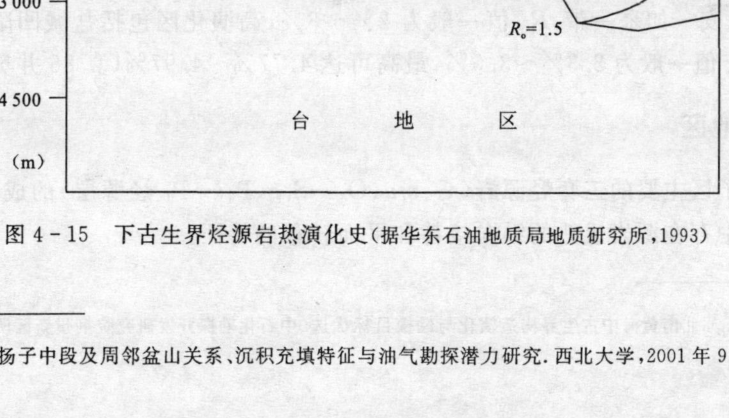

图 4-15　下古生界烃源岩热演化史(据华东石油地质局地质研究所，1993)

① 张国伟，等.扬子中段及周邻盆山关系、沉积充填特征与油气勘探潜力研究.西北大学，2001 年 9 月(内部报告).

二叠系及以上层位均未进入成熟阶段。虽然受印支—燕山推覆造山运动影响，但在沿江地区因陆相中生界沉积持续沉降，上古生界烃源岩随着上覆地层加厚，地温增高，从而促进有机质进一步演化。因此，在侏罗系纪末—早白垩世，这一地区上古生界烃源岩已先后进入了生油门限(图 4-16)，R_o值达到 0.5%～0.7%，古地温为 63～72℃。燕山晚期—喜马拉雅期，苏北盆地基本上是相对稳定持续沉降，上古生界及海相三叠系烃源岩热演化相继达到生油—凝析油气阶段。其中，兴化—大丰一线以北及南京—泰州—南通地带为成熟生烃区。喜马拉雅晚期至今，苏北盆地经历了三垛运动之后，虽然沉降沉积了盐城组地层，但是随后盆地逐渐退缩消亡，对海相中生界及上古生界烃源岩的热演化历程没有明显的影响。

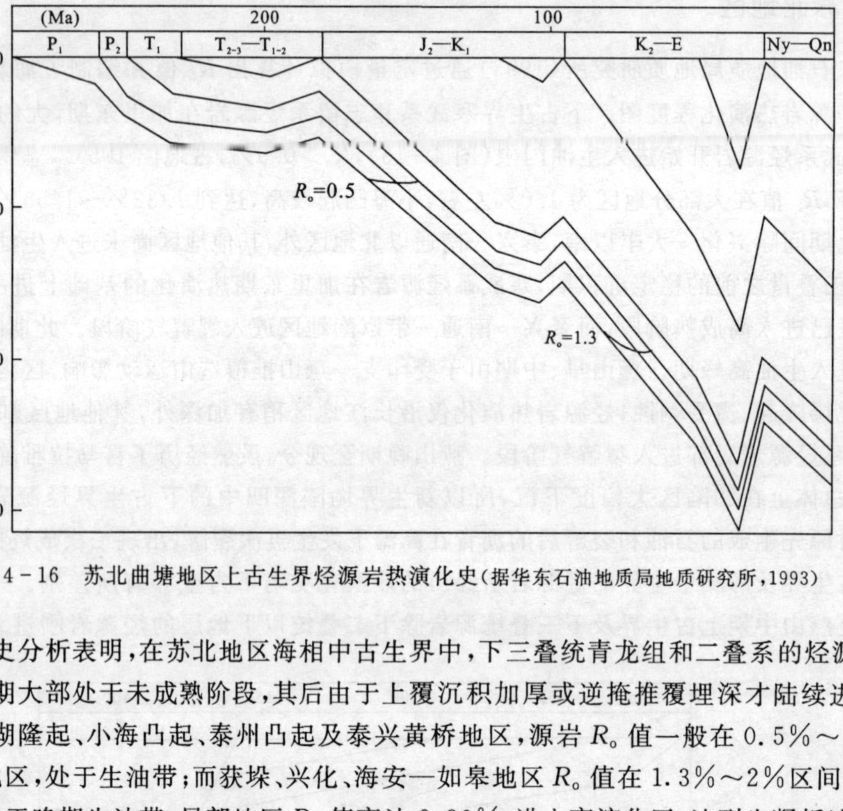

图 4-16　苏北曲塘地区上古生界烃源岩热演化史(据华东石油地质局地质研究所，1993)

热演化史分析表明，在苏北地区海相中古生界中，下三叠统青龙组和二叠系的烃源岩在印支—燕山中期大部处于未成熟阶段，其后由于上覆沉积加厚或逆掩推覆埋深才陆续进入生烃门限。在建湖隆起、小海凸起、泰州凸起及泰兴黄桥地区，源岩R_o值一般在 0.5%～1.3%区间，属低演化区，处于生油带；而荻垛、兴化、海安—如皋地区R_o值在 1.3%～2%区间，已是中等演化区，处于晚期生油带；局部地区R_o值高达 2.86%，进入高演化区，达到生凝析油气带。

下古生界烃源岩相对的低演化区包括建湖隆起、荻垛、小海凸起、泰兴黄桥地区等，R_o值一般在 1.5%～2.5%区间；中等演化区包括滨海地区、天长、江都隆起至高邮凹陷南部断阶带，推测还有海安—如皋一带，R_o值一般为 2%～3%；高演化区包括盐城凹陷至海安一线以及高邮凹陷，R_o值一般为 2.3%～3.5%，最高可达 4.77%～4.97%(真 86 井奥陶系)①。

四、苏皖地区

苏皖下扬子区主要的三套烃源岩($\in_1 mu$、O_3—$S_1 g$、$P_2 l$—P_1 烃源层)的成熟演化规律，在整个地史进程中存在源岩成熟的纵向接替和平面转移的特征。

① 裴振洪，等. 苏北南黄海中古生界构造演化与勘探目标优选. 中石化勘探开发研究院荆州新区所，2001 年 8 月(内部报告).

志留纪末，$\in_1 mu$ 生油层在东至—南陵—如东一线西北为成熟，东至—溧阳—江阴一线为高熟，南通—太湖—宁国—休宁一带早古生代盆地区已达过成熟；O_3—S_1g 生油层在安庆—南陵—如东一线西北为低熟—未熟，以南为成熟—高成熟，无锡—宁国一带为高成熟。

三叠纪末，$\in_1 mu$ 生油层在天长—南京—句容—巢湖—宿松一带及滨海一带仍处于高熟阶段，其余地区过熟，无为—泰州宽阔的中带刚刚跨入过成熟，南通—无锡—宁国一带已到了过熟晚期，生烃过程接近终止；O_3—S_1g 生油层在南陵—东台一线以北为成熟、局部高熟，此线东南高熟，局部过成熟；中、上古生界源岩在太湖、无为—安庆地区为低成熟，其他地区未熟。

早白垩世末，$\in_1 mu$ 生油层、O_3—S_1g 生油层基本保持三叠纪末原貌，但在南京—无为—宿松一线有小幅度增长；中、上古生界源岩在皖南西部南京—无为—宿松一线为成熟（此带侏罗系地层较为发育），其余地区为低熟—未熟。

赤山组沉积末，$\in_1 mu$ 生油层整体过熟，唯有南陵—南通一线西北的源岩仍有生烃余热可以发挥；O_3—S_1g 生油层大部分进入过熟，仅盐城—天长—巢湖一线西北为高熟，无锡—宁国一带为过熟晚期；中、上古生界源岩普遍成熟并处于生油有利期，局部高成熟（南陵地区、常州地区、望江地区）。

至现今，$\in_1 mu$ 生油层大都进入过熟晚期，局部处在过熟早期阶段；O_3—S_1g 生油层大部分到了过熟晚期，少部分处于过成熟早期；中、上古生界源岩在第三纪盆地区为高熟，甚至过熟，盆地以外的地区为成熟。

全区源岩成熟度增加的平面趋势总的表现为由东南向西北推进。先太湖—宁国一线，后扬州—无为—安庆一线，再苏北、望江地区，呈顺时针转移。对应于沉降中心由南向北的转移，早古生代沉降中心在无锡—宁国一带，中生代沉降中心在南京—宿松一线，新生代沉降中心在苏北及南陵、无为—望江一带①。

五、中下扬子地区烃源岩演化对比

从以上分析可以看出，总体上中下扬子地区烃源岩的成烃演化具有相似的规律。上古生界烃源岩热演化程度较高，进入生烃时间较早，基本在印支期以前进入生油高峰，并进入生气阶段；下古生界烃源岩热演化程度相对较低，多数在印支—燕山期才开始进入生油阶段，燕山期达到生油高峰；此时，由于印支燕山运动的改造，地层抬升剥蚀，造成生烃减弱，燕山—喜马拉雅期再次沉降地区达到生烃高峰，进入生气阶段。

但由于不同的沉降史使中下扬子区不同地区之间或同一地区不同的沉积、沉降区域，其热演化进程有所不同。下古生界烃源岩在湘渝鄂区进入生烃时间较早于江汉及下扬子地区，但进入生油高峰期中扬子地区略早于下扬子地区。上古生界烃源岩的演化进程在开始进入生烃时间和达到生油高峰期都是中扬子地区早于下扬子地区（表 4-19），这可能与中扬子地区古生代处于稳定沉降，埋藏深度较下扬子地区大有必然的联系。另外，同一地区的沉降大的地区演化程度要早于相对沉降小的地区。中扬子区的当阳凹陷在地史时期中较仙桃凹陷演化程度高，而下扬子地区的中央台地两侧较中央台地演化程度高，如目前皖南隆起区在古生代处于盆地相，其演化程度高于北部的皖南凹陷区和苏南地区。

---

① 陈安定，刘东鹰，黄金明，等．句容—海安区块现今含油气系统分析和演化过程研究及区带、目标优选．江苏油田分公司地质科学研究院，2002 年 7 月（内部报告）．

表 4-19　中下扬子地区中古生界烃源岩成烃演化对比表

地区	成熟史	上震旦统	下寒武统	奥陶系	下志留统	二叠系	下三叠统
湘渝鄂	开始	$\in_1$	O	志留纪末期	泥盆纪末期	T	J_1
	高峰	S	C	石炭纪末期	T	J	K
	生气	T	J	K_1	K	N	
江汉	开始				P_1	T_2	当阳：侏罗纪末期；仙桃：古近纪末
	高峰				T_1	当阳：J_2	当阳：K_1
	生气				当阳：T_2 仙桃：J_1	仙桃：J_1	当阳：K_2
苏北	开始		S		志留纪末期（兴化—大丰以南，泰兴—南通以北）	P_1：印支运动晚期至燕山运动中期； P_2：侏罗纪末—K_1 燕山晚期—喜马拉雅时期	侏罗纪末期-K_1
	高峰		志留纪末期		T_2		
	生气		T_2		K（沿长江地区，其余隆剥）		
苏南	开始			志留纪末期	志留纪末期	三叠纪末期	三叠纪末期
	高峰		志留纪末期	三叠纪末期	三叠纪末期		
	生气		三叠纪末期				
皖南凹陷	开始			志留纪末期	志留纪末期		
	高峰		志留纪末期	三叠纪末期	三叠纪末期		
	生气		三叠纪末期				
皖南隆起	开始						
	高峰			志留纪末期	志留纪末期		
	生气		志留纪末期	三叠纪末期	三叠纪末期		

注：湘渝鄂地区和江汉区资料来源：张国伟等，2001 年；苏北地区资料来源：裴振洪等，2001 年；苏皖地区资料来源：陈安定等，2002 年（均为内部报告）。

因此，对于古生界多期沉降和抬升剥蚀的盆地，优质烃源岩的早期热演化生烃若没有良好的保存条件，其生成的油气很难得以有效地保存，而油气的散失反而是“浪费”，演化程度缓慢的烃源保留生烃潜力，使得晚期继续生烃成藏。这是一种有效的“保存实力”，对晚期成藏有较大的贡献。

宁国地区是典型的下扬子早古生代盆地相代表，下古生界发育多套暗色泥岩，厚度大，生烃条件十分优越，志留纪瞬时生烃强度最大超过 $1\times10^6 t_{烃}/km^2$（合 10 亿 m^3 气$/km^2$）。但盆地相区同时具有下古生界（主要是志留系）地层厚度大的特点，至三叠纪末，寒武系底埋深一般都达到 6 000m 以上，源岩已经到了过成熟阶段，生烃过程相对偏早。宁国地区剖面属于生烃条件优越但主要在早期贡献的早古生代盆地相沉积代表，它们是早期“古油藏”、现今古沥青矿的烃源供给者。所以，真正在下扬子地区二次生烃、晚期成藏中起作用的下古生界源岩通常都是发育在台地相区、生烃条件相对差的一部分。相反，由于上古生界地层沉积时各地厚度差异较小，所以，在晚期生烃方面倒是能在各地平均地发挥作用①。

① 陈安定，刘东鹰，黄金明，等. 句容一海安区块现今含油气系统分析和演化过程研究及区带、目标优选. 江苏油田分公司地质科学研究院，2002年7月(内部报告).

第五章 中—古生界海相地层成藏条件

第一节 油气显示及分布特征

中下扬子地区中—古生界海相地层虽未获重大工业性油流勘探突破，但油气显示非常丰富。野外地质考察中见到多处油气显示，如中扬子地区的野外地质考察，在湖北境内发现多处残余烃类物质的富集区，其中既有多年来一直备受关注的所谓“京山奥陶系古油藏”（图5-1A），在宝塔组（O_{2-3}）青灰色或黄绿色略带紫红色中—厚层状瘤状灰岩中方解石晶洞内见部分充填黑色碳质或沥青质（图5-1B），又有在三叠系大冶组薄板灰岩中发现的“有机碳富集

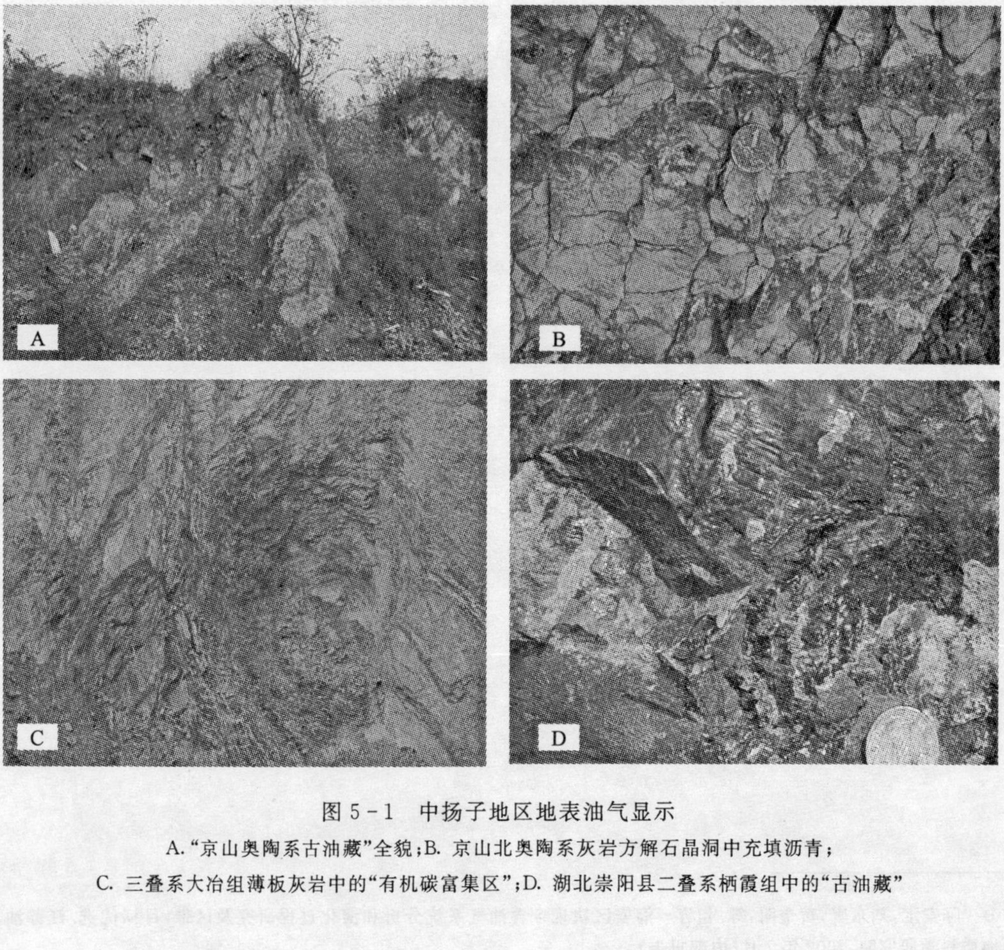

图5-1 中扬子地区地表油气显示

A.“京山奥陶系古油藏”全貌；B. 京山北奥陶系灰岩方解石晶洞中充填沥青；

C. 三叠系大冶组薄板灰岩中的“有机碳富集区”；D. 湖北崇阳县二叠系栖霞组中的“古油藏”

区"(图 5-1C)，还有崇阳县二叠系栖霞组中的灰岩裂隙及晶洞中见有沥青质分布(图 5-1D)。这些地质现象可以充分地说明，中下扬子地区在地质历史上确实有过油气生成与聚集作用。遗憾的是，所取的样品由于沥青演化或者碳化程度太高，在实验室中无法取得抽提物进行分析。

一、中扬子地区中—古生界油气显示特征

前人研究表明(蔡立国等，2001)，江汉及周缘地区古生界中油、气及沥青显示丰富，尤其是储层沥青。其分布虽然常与油显示处于同一层位或同一岩样，但其赋存空间却属早、中期成岩序列形成的孔、缝结构，层位遍及$\in_2$—K_2y。其中以$\in_2$—O_2、P_1m、T_1j^{4+5}、K_2y四个层位最具规模，累计厚度可达十几至数十米，岩石有机质丰度异常，可高出层系背景值 1～10 倍。其展布主要受控于印支、燕山期构造及有利的岩相带，它们是本区地史早、中成藏期古油层遭受开启后氧化改造的产物。

1. 野外沥青赋存特点及其主控因素

中扬子南缘地区碳沥青分布广泛，分布层位多，主要有上震旦统、下寒武统、中上寒武统、下志留统、三叠系等。碳沥青赋存特征可分为两类：一类是裂隙型沥青；另一类是孔隙—溶洞型沥青。

裂隙型沥青如水打田乡下寒武统清虚洞组($\in_1q$)逆冲断层遮挡的裂隙型碳沥青，主要赋存于逆冲断层下盘遮挡的张裂隙脉中(图 5-2)。沥青主脉大致呈 NNE 向延伸，产状近于直立，碳沥青脉延伸长度大于 100m。灰黑色泥灰岩中发育有大量的石英脉体，其产层与地层产状基本相当(夹角较小)。两组大致垂直的碳沥青脉体均切割泥灰岩及石英脉，表明碳沥青的形成较石英脉体要晚。在碳沥青中还见大量的后生黄铁矿，而且因后期构造挤压研磨作用，碳沥青多呈粉末状。

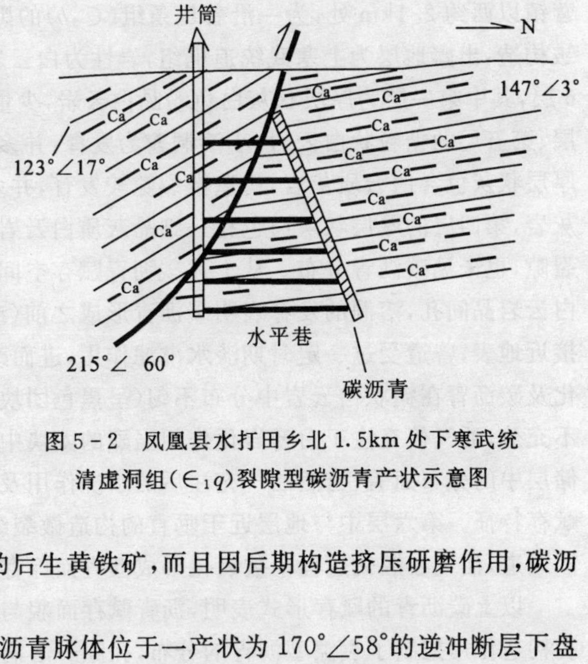

图 5-2　凤凰县水打田乡北 1.5km 处下寒武统清虚洞组($\in_1q$)裂隙型碳沥青产状示意图

通山县半坑下志留统裂隙型碳沥青，两沥青脉体位于一产状为 170°∠58°的逆冲断层下盘(图 5-3)，断层下盘地层中发育有两组"X"形节理。其中，与断层呈高角度相交的节理具张性，是碳沥青的主要赋存空间，其他破裂面因为压性，未见碳沥青充填。碳沥青脉在平面分布上，近东西向呈现出中部厚、往两侧逐渐减薄的变化趋势。而在近南北向上，具有远离断裂带、碳沥青厚度逐渐减薄的变化特点，这与张裂宽度随距断裂带距离的增大而减小的变化特征相吻合。由此表明，断裂与碳沥青的形成及赋存特征相关。下志留统石英粉细砂岩中未见碳沥青分布，其成因可能为：一方面高角度逆冲断层的冲断作用，在其下盘产生张裂隙脉，为油气的富集创造了空间条件；另一方面，断层沟通了深部已遭严重降解的油藏，其油的密度大、粘度高、渗透性差，沿断层进入张裂隙脉中，此期下志留统石英砂岩可能因成岩作用深已致密化，其储渗性极差，加之充注的油的粘度高，难以进入石英砂岩孔隙中。张裂隙脉中的沥青随后进一步氧化形成了现今碳沥青赋存面貌。

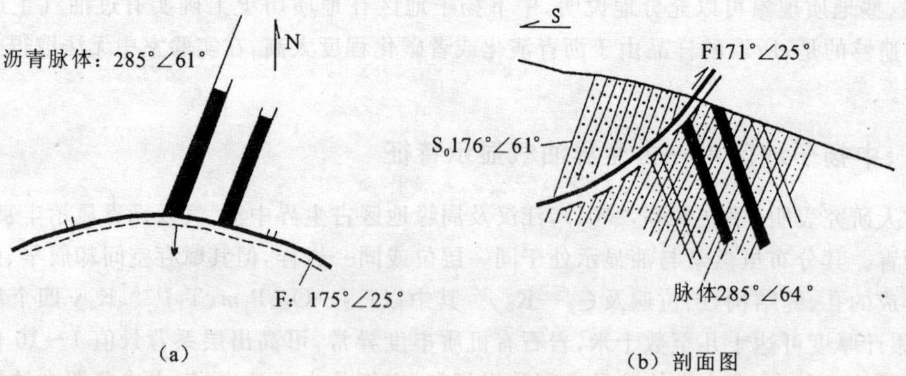

图 5-3 通山县半坑村下志留统碳沥青产状示意图

孔隙—溶洞型沥青如阿拉营西上寒武统滑脱皱型溶洞—孔隙型碳沥青，位于凤凰县阿拉营镇以西约 2.1km 处，为一沿着比条组($\in_3 b$)的黑色薄层含碳质泥页岩层滑移而成的滑脱褶皱构造，出露地层为上寒武统追屯组，岩性为白云岩夹灰岩。其在垂向上由下至上大体可分为 6 层，其中第一层为厚层状灰白色粉晶白云岩，少量溶洞中充填方解石为主，次为碳沥青；第三层、第五层的糖粒状白云岩，小溶洞较为发育，并多为碳沥青充填，碳沥青分布不匀；第六层的厚层状灰色含白云质灰岩，构造微裂隙较发育，并多为碳沥青充填；其余第二层的黑色薄层状灰岩，第四层的厚层状灰白色粉—细晶灰质白云岩，白云质灰岩，岩性较致密，未见溶洞及构造裂隙，也未见碳沥青分布。从上述碳沥青赋存空间看，其主要赋存空间为溶洞、构造微裂隙及白云岩晶间孔，溶洞的发育表明碳沥青形成之前(或同时)。本套地层可能因构造抬升作用而接近地表，曾遭受过一定时期淡水淋滤作用，进而改善了储层的储渗性能。从地层岩性横向变化及碳沥青在糖状白云岩中分布不匀(呈黑色团块状)推测，油气充注储层时，其白云岩化作用不充分，油气仅充注于白云岩化作用强烈的团块中，随后的抬升氧化作用形成了现今碳沥青在储层中的分布面貌，当然油气充注后的水洗作用及后期白云岩化作用等也可造成现今碳沥青赋存特征。第六层中与地层近于垂直的构造微裂缝(隙)，可能为油气藏破坏时油气的主要逸散通道，油气在散失过程中被氧化形成沥青而保存至今①。

以上碳沥青的赋存形式表明，沥青赋存面貌与构造作用悉悉相关，尤其是印支、燕山期断裂构造作用控制了裂隙型沥青的分布，孔隙—溶洞型沥青则与滑脱褶皱及构造抬升作用相关。

2. 储层沥青的成因

据蔡立国等(2001)对地表沥青和烃源岩饱和烃组成、甾萜类生物标志化合物等多项指标进行对比，从下寒武统烃源岩与下古生界各层系沥青正构烷烃结构组成对比图中可以明显看出，下寒武统沥青与下寒武统源岩极具亲缘关系，两条正构烷烃曲线几乎重叠在一起；而中上寒武统沥青以及半坑志留系沥青、南山坪震旦系沥青与下寒武统源岩也有一定相关性，尤其是重质部分，曲线的高低起伏趋势相同，但轻质部分丰度则明显偏高(图 5-4)。志留系、寒武系、震旦系沥青都与下寒武统源岩具有一定的亲缘关系，有的完全来自于下寒武统源岩，有的

① 蔡立国，丁道桂，等. 中扬子南缘沉积一构造演化及勘探潜力分析. 中石化股份有限公司石油勘探开发研究院无锡实验地质研究所，2001 年 8 月(内部报告).

还有其他层位的烃源加入。

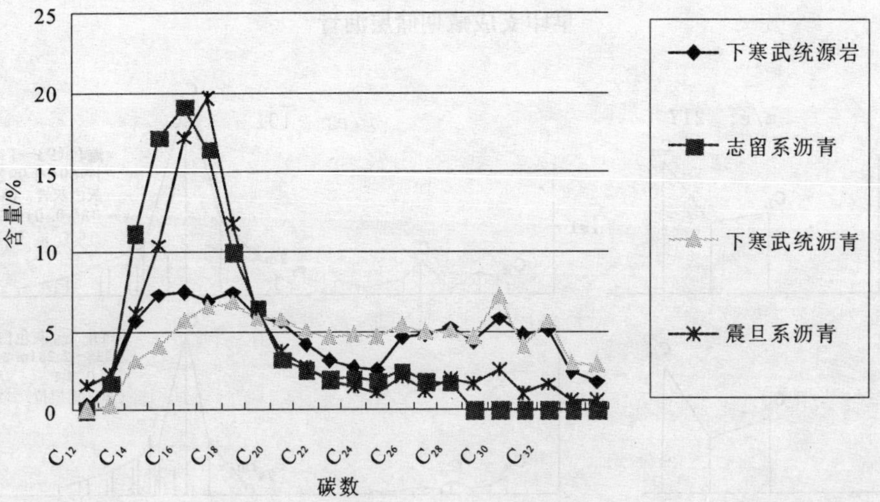

图 5-4　沥/岩饱和烃结构组成对比图

从下志留统、下寒武统以及震旦系沥青、源岩的甾、萜烷对比结果，寒武系沥青与志留系、震旦系沥青既具有共性，又存在较为明显的差别。其共同点是沥青样品的规则甾烷都具有相同的规律，即 $C_{29}>C_{27}\geqslant C_{28}$，反映出它们都与下寒武统源岩具有亲缘关系，尤其是克拉通周边坳陷的下寒武统源岩贡献最大(沥青的特征与此类源岩最为吻合)。其差别是：下寒武统与中上寒武统两个沥青样品以三环<五环、$Ts<Tm$、$C_{21}<C_{23}$、贫孕甾烷及高孕甾烷组合为特征，而志留系、震旦系沥青则以富含三环、$Ts>Tm$、$C_{21}\leqslant C_{23}$、富孕甾烷及高孕甾烷组合为特征；凤凰—大兴中上寒武统沥青以及凤凰—水打田下寒武统沥青与下寒武统源岩的生物标记指纹相当吻合，证明是由下寒武统自身提供的烃源；而半坑下志留统沥青与南山坪震旦系沥青则是下寒武统与下志留统混源的结果，它们除具备部分下寒武统烃源(尤以克拉通周边坳陷盆地内的下寒武统源岩为主)的特征(规则甾烷的分布特征相似)外，尤为突出的是具备部分下志留统龙马溪组烃源岩独具的特征——三环含量较高、富孕甾烷及高孕甾烷。

沥青饱和烃组成具有正常的化合物组合分布序次。即以正烷烃分布占显要地位，丰度最高，可占约 50%～70%，然后从类异戊二烯烃—支链烷烃—环烷烃丰度依次递减；正烷烃的分布曲线多呈前峰型富集 C_{20}^- 以前的低碳位数轻组分，C_{21}^-/C_{22}^+ 比值分布于 3.61～7.35 之间，主峰碳一般为 $nC_{16}-nC_{18}$，分布曲线平滑，不显奇偶优势，仅高碳数位出现了 nC_{25}、nC_{27}、nC_{29}、nC_{31} 奇数微弱优势，显然是母质因素干扰所致；类异戊二烯烃的分布与正烷烃明显地不协调，往往出现植烷的明显优势，其丰度多接近甚至超过相邻的 nC_{18} 烷；支链烷烃与环烷烃的丰度较低。这些特征反映了储层沥青属于典型的早期弱氧化后期叠加热演化成因，分析其地史经历，认为是印支期进油，随即抬升，经水洗、氧化及生物降解后继续埋藏，形成演化沥青，晚期又暴露地表。据此推测油气的运移特征如下：

(1)储层沥青的甾萜烷组成分布的组合特征，反映了本区地史上曾发生过印支期与燕山期油气聚集事件，早印支期主力储层为 $\in_2$—O_1，印支期主力储层为 P_1m、T_1j^{4+5}，早燕山期主力储层为 T_3、J。其中最早的印支成藏期，烃源比较单一，只有 $\in_1$ 烃源岩进入高峰期，以宜昌奥陶系灰黑色生屑灰岩中的次生有机质最为特征，它与$\in_1$含碳泥灰岩谱图的一致性，反映了烃类由源岩排烃向储层运移聚集的过程(图 5-5)。

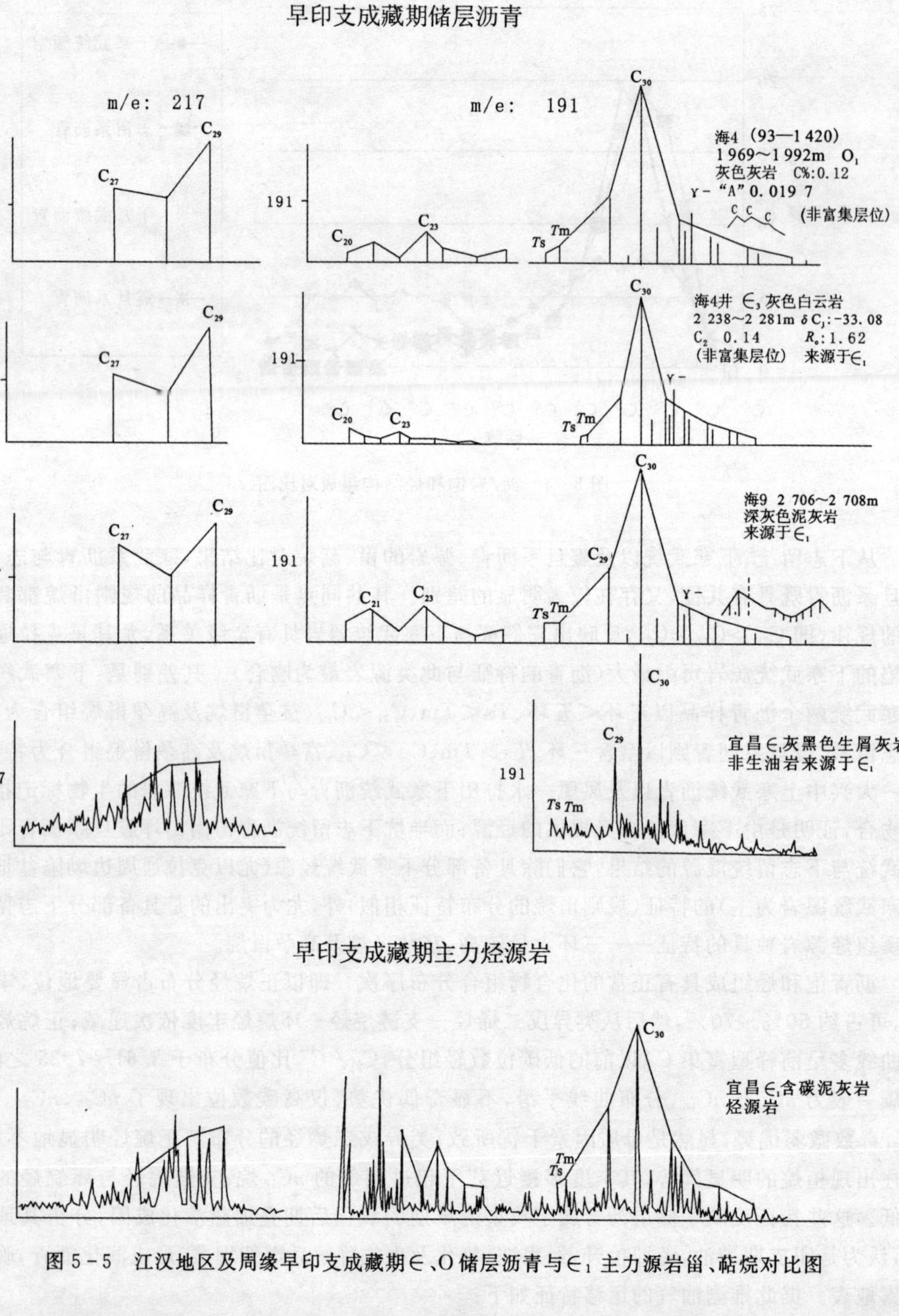

图 5-5 江汉地区及周缘早印支成藏期∈、O 储层沥青与$\in_1$主力源岩甾、萜烷对比图

(2)印支、燕山成藏期古油层蜕变为储层沥青(图 5-6)，则呈现了$C_{27}>C_{29}>C_{28}$的志留系烃源的信息，而五环萜＜三环萜及$C_{20}>C_{23}$的优势却又体现了P_1及$\in_1$烃源的信息，表明随着构造格局的变革，多期成藏的经历，多源供烃的客观现实，导致储层中混源的必然性。需要指

出的是后期中$\in_1$烃源信息的出现并不标志着$\in_1$还在生油，这种信息往往是由先期储层沥青或先期残存原油供烃，就本质而言，属次生的烃源范畴，据四川及塔里木的实践，在多旋回盆地中，这是毋容忽视的一种烃源。

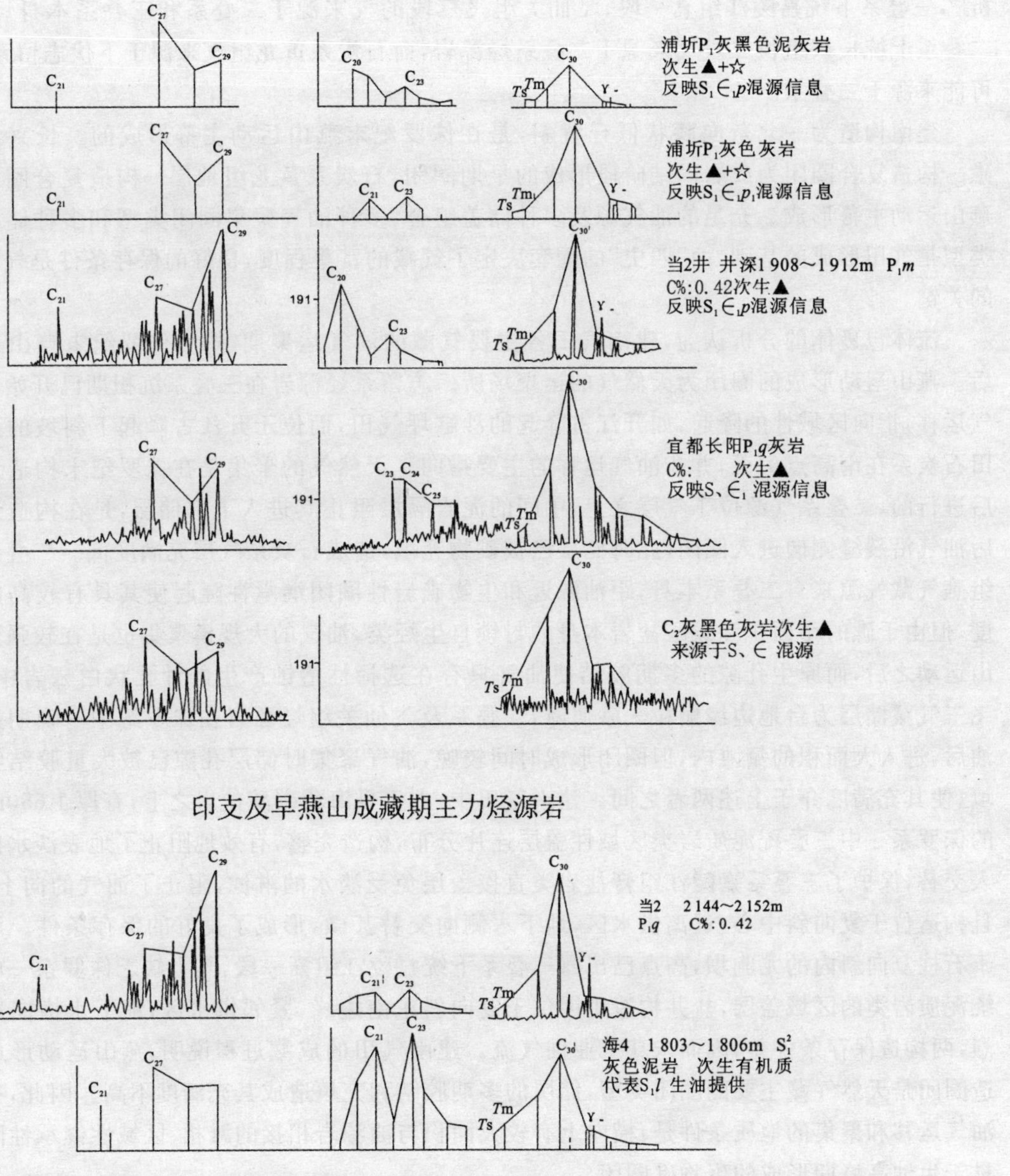

图5-6　江汉地区及周缘印支期和早燕山成藏期储层沥青与S_1^1l、P主力烃源岩甾、萜烷对比图

因此，中扬子地区下古生界古油藏，普遍都接受了克拉通周边坳陷盆地内下寒武统有效烃源岩提供的油气，这不仅说明地史上斜坡相的下寒武统源岩在特定历史时期曾发挥过主力作用，而且已经明显地往台地运移，使下寒武统烃源岩的有效性得到了充分证实。下志留统龙马溪组暗色泥岩在地史时期同样也为上述部分古油藏提供了油气，多源供烃已成为客观现实。

3. 建南气田成因及成藏规律

建南气田位于中扬子区石柱复向斜中心，在研究区的西边，是目前中扬子地区已探明的唯一气田。气田共有4个工业性气层，分别是：三叠系下统嘉陵江组嘉一段、飞仙关组飞三段、二叠系上统长兴组长二段和石炭系黄龙组，天然气属于过成熟的“干气”。

通过饱和烃、芳烃的地化指标，碳同位素、沥青—岩石对比和气—气对比等多项资料的分析[①]，三叠系下统嘉陵江组嘉一段、飞仙关组飞三段的气来源于二叠系和三叠系本身烃源岩，二叠系上统长兴组长二段气来源于二叠系烃源岩，而石炭系黄龙组气来源于下伏志留系，也有可能来源于二叠系。

建南构造为一北东向膝状低丘背斜，是在侏罗纪末燕山运动主幕形成的。长兴组生物礁—构造复合圈闭为成岩固结阶段形成的早期圈闭，石炭系黄龙组地层—构造复合圈闭则在燕山运动主幕形成。充足的油气源及多种储盖组合、多种油气聚集圈闭类型和多种储集空间类型是气田形成的基础，而“四史”的配套决定了气藏的富集程度，良好的保存条件是气藏存在的关键。

流体包裹体的分析认为，建南气田各主要气藏的油气运聚期，均为侏罗纪末燕山运动之后。燕山运动形成的圈闭为天然气的运聚场所。志留系烃源岩在三叠系沉积期已开始发生油气运移，指向区域性的隆起，如开江古隆起的沙缸坪气田，而位于开江古隆起下斜坡的建南气田石炭系在南高点尖灭，并非油气运移的主要指向。天然气的聚集是在侏罗纪末构造形成之后进行的，二叠系气源位于气层之上，中间的泥岩隔层阻止其进入下部储层，是在构造形成之后油气沿裂缝侧向进入圈闭，此时储层已被矿物充填，造成石炭系气层充满度低。二叠系长兴组礁气藏气源来自二叠系本身，距油源近和生物礁岩性圈闭继承性隆起使其具有较高的充满度，但由于礁的小面积和碳酸盐岩本身的封锁自生烃类，油气的大规模聚集也是在较强烈的燕山运动之后，而原生孔隙的多期胶结使油气只有在选择性溶蚀产生的针孔状白云岩中储集。飞三气藏储层为台地边缘鲕粒—砂屑滩，二叠系及飞仙关组烃源岩在侏罗纪中—晚期进入生油后，进入大面积的鲕滩内，但圈闭形成时间较晚，油气聚集时储层孔隙已被大量胶结物所充填，使其充满度介于上述两者之间。建南气田中-古生界海相碳酸盐岩之上，有厚1 650m以上的侏罗系—中三叠统泥质岩类区域性盖层连片分布，构造完整，有效地阻止了地表淡水向下渗入交替，保护了三叠系嘉陵江组膏盐岩类直接盖层免受淡水的淋滤，阻止了油气的向上逸散。且构造位于复向斜中心，远离供水区，地下水侧向交替甚微，形成了良好的保存条件。而同处于石柱复向斜内的龙驹坝，高点已出露三叠系下统嘉陵江组嘉一段，其上缺乏侏罗系—中三叠统泥质岩类的区域盖层，盐井构造则因位于复向斜东南边缘，紧邻供水区，地下水横向冲刷剧烈，两构造保存条件差，因而未获工业油气流。建南气田的成藏过程说明，燕山运动形成的构造圈闭是天然气藏主要的圈闭类型，储层的多期胶结和充填造成其充满度不高。因此，有利于油气运移和聚集的地质条件是：横向上有较大面积与油源岩相接的滩相、区域性继承性隆起和早于生油高峰期形成的生物礁圈闭。

二、下扬子地区中—古生界油气显示特征

1. 油气显示特点

① 蔡立国，丁道桂，等.中扬子南缘沉积—构造演化及勘探潜力分析.中石化股份有限公司石油勘探开发研究院无锡实验地质研究所，2001年8月(内部报告).

苏皖下扬子区海相中—古生界油气显示异常活跃，具有层位多、数量多、分布广的特点，自南而北有规律地分为三个带。

(1)皖南—浙西下古生界固体碳沥青带

此带以固体的脉状和孔隙性残留碳沥青为主，主要分布在皖南太平、石台一带，在浙西的吉安、临安、淳安则更为普遍。层位以志留系、奥陶系、寒武系为主。主要是震旦系至志留系多套泥质烃源岩在早古生代中晚期分别进入生排油时期(图 5-7A)，油气藏形成后经构造挤压、盖层裂隙产生、液态油气通过裂隙大量散失、重质沥青残留富集、在印支—燕山期沥青深埋热

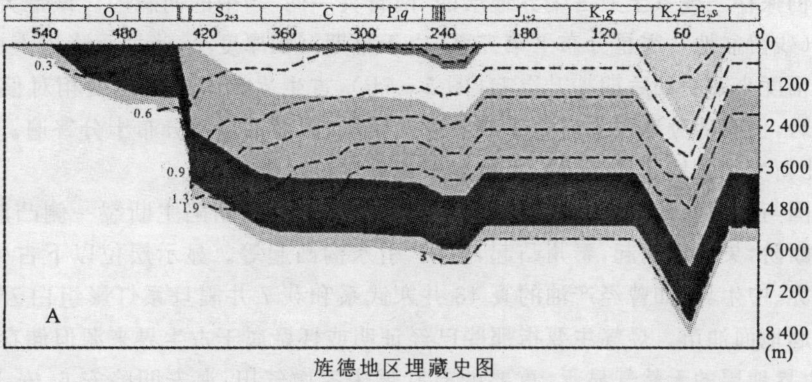

旌德地区埋藏史图

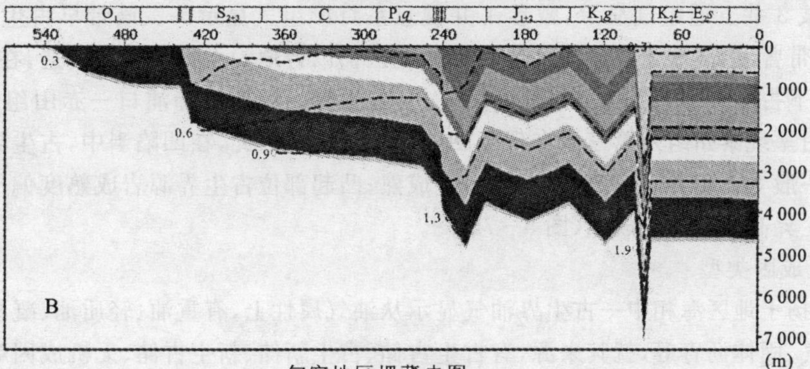

句容地区埋藏史图

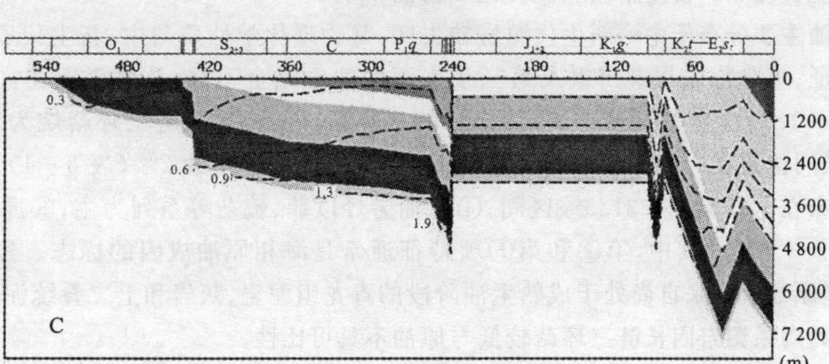

盐城凹陷埋藏史图

图 5-7　三个带中代表性剖面源岩埋藏史-成熟史图

演化固化等一系列地质作用形成目前的碳沥青。由于缺少中、新生代地层覆盖，保存条件极差，基本无勘探价值，但它却记录了"古油藏"兴亡的历史，证实了下古烃源岩巨大的生烃能力。

(2)下扬子复向斜区油、无机二氧化碳气显示带

此带南止泾县—宁国，北到宁镇、泰兴黄桥一带，分布地点为南陵、巢湖、句容、镇江、黄桥等。地面油苗最为丰富，井下以油显示为主、二氧化碳气为次，少数烃气，如正在生产中的黄桥二氧化碳气田以及其上方的溪桥浅层气田，句容地区短时工业油流井，镇江、宣城地区煤矿的十多口出油井，宜兴南新镇水井油苗等。油气显示层位以三叠系、上古生界和中生代白垩系、侏罗系为主。该区处于早古生代沉积期"两凹夹一隆"当中的台隆区，也是在印支—燕山直至现今改造后仍保存三叠系至上古生界地层的"两背夹一向"当中的向斜区。该带大面积残存上白垩统地层(残留盆地)，零星分布下第三系，由于早期沉积厚度小，晚期沉降以上白垩统为主，第三纪时期幅度小并受到后期抬升影响(图 5 - 7B)，古生界源岩的成熟度相对偏低，尤其中、上古生界源岩，仍有部分地区源岩处于成熟生油阶段，因而油显示分布十分普遍。

(3)苏北新生代盆地区烃气、油、无机二氧化碳气显示带

此带范围与苏北盆地重合。油显示大多出现在靠近箕状断陷主断裂一侧凸起的下部，如高邮凹陷南断阶，吴堡低凸起，泰州凸起，射阳、引水沟凸起等。显示层位以下古生界为主，其次为上古生界、中生界，如曾经产油的真 43 井寒武系和荻 7 井震旦系灯影组白云岩溶孔含油以及江都隆起地面油苗。烃气主要指那些已经证明或怀疑属于古生界来源但储存在上至第三系、下到古生界地层的天然气显示，重要的有盐城朱家墩气田，海安凹陷安 6、安 15 井阜一段气显示，盐城 3 井五通组气显示，戴参 1 井震旦系灯影组气显示等。该带早古生代时期在天长—真武一带曾发育"涂州浅盆"，其余大部分地区仍以台地为主。经后期改造，在苏北盆地西部主要残存下古生界，东部和东南部残存中、上古生界。后期沉降浦口—赤山组向北厚度加大，之后上白垩统泰州组及第三系在现今凹陷部位较大。因此，在凹陷当中，古生界被深埋，成熟度较高，一般上古生界高成熟、下古生界过成熟；凸起部位古生界源岩成熟度偏低，上古生界成熟、下古生界高成熟—过成熟(图 5 - 7C)①。

2. 油气成因类型

苏皖下扬子地区海相中—古生界油气显示从油气属性上，有重油、轻质油、凝析油、二氧化碳气、天然气、固体沥青等，就其来源，有古生古储、古生新储、新生古储、无机成因等类型。

(1)"古生古储"和"古生新储"轻质油、凝析油

此类原油主要分布于中—新生代源岩缺失区，其物理化学性质与中、新生代原油不同，其地球化学特征、组合特征与泰州组及第三系来源的油也完全不同，具体表现在：①姥植均势(Pr/Ph1.01～1.69)，贫 β-胡萝卜烷；②丰富的三环萜、C_{28}—C_{30} 长链三环萜烷为新生界油所未见；③油碳同位素在－27‰～－28.5‰区间，比新生界油偏正约 2‰(表 5 - 1)。新生界油 $\delta^{13}C$ 主要分布在－29‰～－31.5‰区间；④原油芳烃以菲、硫芴等系列为主；⑤原油 V/Ni 比大于 1(1.31～3.95)。其中，第②和第⑤项特征通常是海相原油成因的标志。经过油/岩对比，"古生"型原油主要来自尚处于成熟生油阶段的青龙组泥岩、灰岩和上二叠统泥岩。下二叠统、志留系、奥陶系源岩因长链三环萜较低与原油不具可比性。

① 陈安定，刘东鹰，黄金明，等.句容—海安区块现今含油气系统分析和演化过程研究及区带、目标优选.江苏油田分公司地质科学研究院，2002 年 7 月(内部报告).

表 5－1　江苏中、古生界原生油色谱、碳同位素参数表

井号	层位	样品类型	主峰碳	*CPI*	Pr/Ph	Pr/nC_{17}	Ph/nC_{18}	C_{21}^{-}/C_{22}^{+}	$\delta^{13}C$/‰
容 2、3	K_1、T_1q	轻质油	C_{12}、C_{15}		1.39～1.69	0.46～0.80	0.32～0.61	2.78～6.56	−27.18～−28.27
容 8 井	K_1g	油砂	C_{16}	1.03～1.16	1.01～1.21	0.53～0.55	0.43～0.56	1.97～2.21	−28.5
圣科 1	K_2p	油砂	C_{16}、C_{20}	1.0～1.02	0.96～0.97	0.38～0.44	0.38～0.41	1.37～1.39	−28.5
圣科 1	P_2l	油砂	$C_{19,20}$	0.88～0.99	0.8～0.98	0.8～1.12	0.69～0.81	0.59～0.94	
圣科 1	T_1q	裂缝油	C_{13}、C_{16}、C_{25}	0.95～1.02	0.72～0.77	0.56～1.11	0.76～1.05	0.56～1.67	−28.0
黄桥 N5	T_{1-2}	轻质油、凝析油	C_{15}	1.33	1.49	0.38	0.31	1.79	−28.25*
黄桥 HY1	C—P	轻质油、凝析油	C_{14}		1.18	0.82	0.74	23.43	−27.64*
黄桥 S174	D_3	轻质油、凝析油	C_{13}	0.92	1.22	0.66	0.43	9.16	−27.94*
黄桥 S174	S_2f	轻质油、凝析油	C_{13}	1.16	1.09	0.52	0.54	6.40	−27.77*

注：有＊者为引用费富安等(1987)资料。

“古生古储”和“古生新储”轻质油、凝析油、包括由于水洗氧化而变重的重质油等主要分布在句容、镇江、黄桥一带。该区中生界—上古生界，尤其下三叠统和上二叠统源岩发育情况和保存程度在全区最好，而且有相当部分源岩仍处于成熟生油阶段。在句容、黄桥地区，具此特征的原油不仅以自生自储方式出现于中生界—上古生界，而且以“古生新储”方式出现在白垩系、甚至上第三系中。在构造复杂地区，也可能储集于下古生界中，如黄桥苏 174 井坟头组凝析油。

(2)“古生新储”浅层气

“古生新储”浅层气在黄桥发现，是一种高氮、高氦、高氩含烃气体(表 5－2)。高氮、高氩可能与水交替作用下的大气混入有关，高氦反映出深部来源气的加入，较高的 $^{40}Ar/^{36}Ar$ 比值指示出老地层来源。新生界油伴生气 $^{40}Ar/^{36}Ar$ 比值分布在 354～469 区间，黄桥浅层气为 716～717。其次，黄桥浅层气的甲烷碳同位素也比新生界油伴生气偏重(后者的 $\delta^{13}C_1$ 分布在 －58.3‰～－42.1‰区间)，其原因可能是天然气成熟度要高于新生界油伴生气的缘故。

表 5－2　黄桥浅层气地化资料表(引自沈平等)

地区	深度/m	层位	CH_4/%	C_2^+/%	CO_2/%	N_2/%	He/%	Ar/%	$\delta^{13}C$/‰	$^{40}Ar/^{36}Ar$
黄浅 2	373.2	Ny	27.39	6.11	8.80	57.87	1.2	0.41	－39.5	717
黄浅 14	376.64	Ny	27.44	2.67	4.26	63.26	1.34	0.45	－40.3	716

(3)“古生古储”型固体沥青

前已述及，此类沥青主要是在浙西、皖南古生界地层中发现的。沥青的高反射率特征(R_{ob} 1.89%～5.02%)说明它们来自古生界，尤其是下古生界油的高温裂解。

(4)与古生界碳酸盐热分解有关的二氧化碳气藏

二氧化碳产自上第三系、下第三系和上、下古生界，属无机成因。Levorson(1954)曾指出，在 CO_2 为天然气主要成分的情况下，其起源大多是由于碳酸盐受火山岩喷发的影响发生热分解而生成的。与二氧化碳相伴生的甲烷等烃类气体，其中有些可能与二氧化碳有相同的成因，如苏 174 井泥盆系气(甲烷碳同位素为 －29.6‰、甲烷氘同位素为－125‰)，圣科 1 井奥陶系岩石酸解烃气(甲烷碳同位素为 －20.63‰～－19‰)等(表 5－3)。另一些 $\delta^{13}C_1$ 分布在

−32.1‰～−39.5‰区间的烃气则是在正常地温条件下形成的。本区大规模的火山喷发主要有 J_3—K 和 E—N 两期，苏北的二氧化碳聚集应与后期的火山作用有关，深大断裂作为运移通道。

表 5-3　二氧化碳气层的气体及同位素组成

井号	层位	气体组成/%(V/V)				$\delta^{13}C_{CO_2}$/‰	$\delta^{13}C_1$/‰	δD/‰
		CH_4	C_2^+	CO_2	N_2			
苏 174	P_1q	微	微	93.1～98	1.8～4.7	−3.87		
	D_3w	0.85～0.95	0.05～0.07	95.1～99.6	0～4.66	−4.06	−29.6	−125
	S_3m	1.45～1.94	0.13～0.82	96.3～98.1	0.07～0.68	−5.14、−5.88		
	S_2f	2.84～36.2	0.13～0.82	52	8.58～15.36		−39.5	−151
黄验 1	P_1q	0.07	0.06	94.25	4.49	−3.87		
纪 1	E_1f	0.87	0.18	92.34	5.31	−4.05		
富 44	Es^1	4.8	0.43	92.81	1.64	−6.5		
圣科 1*	S_1—O	2.96	0.47	78.84	17.73	−8.95	−33.11	
	O—∈	0.85～0.76	0～0.28	68.59～94.06	4.5～24.37	−3.6	−32.1	

注：* 为水溶气。

(5)“新生古储”原油

真 43、老塘 1、获 7 井获得的油样和获 3 等井获得的结合沥青，其碳同位素分布在−30.8‰～−28.9‰区间，显示其来源于新生界或下古生界。但从原油颜色和油成熟度指标(资料表明为低熟—成熟原油)分析，来源于新生界的可能性更大。新生古储型原油主要分布在苏北箕状断陷陡侧——高邮凹陷南断阶、吴堡低凸起至小海凸起一线。这里下古生界碳酸盐储层与新生界源岩呈断层接触，具备形成“潜山型”油藏的地质条件。

下扬子地区印支面上下油气显示活跃，其原因是存在三个“有利因素”：①残存青龙组至二叠系地层，且属于“有利—较有利”生油区；②生油层处于“有利”的成油成熟阶段；③大多属于推覆期后沉积过程中，尤其是浦口组沉积地貌隆起或赤山末构造隆起——即最主要一期“晚期生烃”的有利运移指向区。这三个有利因素说明在“源控”因素中晚期或二次生烃的重要性，以及有利的生储组合与有效的封盖条件等相配套。如句容地区既是浦口组沉积时的地貌隆起，又是赤山末仪征运动形成的构造隆起。兴参 1 井(印支面以下显示好)和兴古 1 井(印支面以下显示差)的对比说明，浦口组沉积时的地貌隆起比第三纪构造运动中形成的“新生隆起”油气显示要好，后者往往因为古生界地层转为产气为主，加上凸起处一般封存条件差，导致油气逸散①。

3. 盐城朱家墩气藏成藏条件

朱家墩气藏位于苏北盆地盐阜坳陷东南部的盐城凹陷南洋次凹深凹带，该构造是由盐②、盐③两条北掉正断层夹持的构造高块(图 5-8)，为一具背斜和断鼻形态的构造。朱家墩气藏位于背斜的主体部位，即盐③断层上升盘。从构造发育史分析，控制朱家墩构造的盐③断层主要活动期在吴堡时期，盐断③层规模小，且形成与结束时期均较早。

(1)“二次生烃”提供烃源

目前的油源对比(陈安定等，2002)结果表明，朱家墩气田是以下伏栖霞组灰岩等二叠系暗色岩系来源为主的天然气，其中混入了来自泰州组偏腐泥干酪根所生成的极少量轻质油。

① 沃玉进，赵胜，等. 苏皖下扬子区海相中古生界已钻井资料复查与勘探效果分析. 江苏石油勘探局地质科学研究院，2000 年 3 月(内部报告).

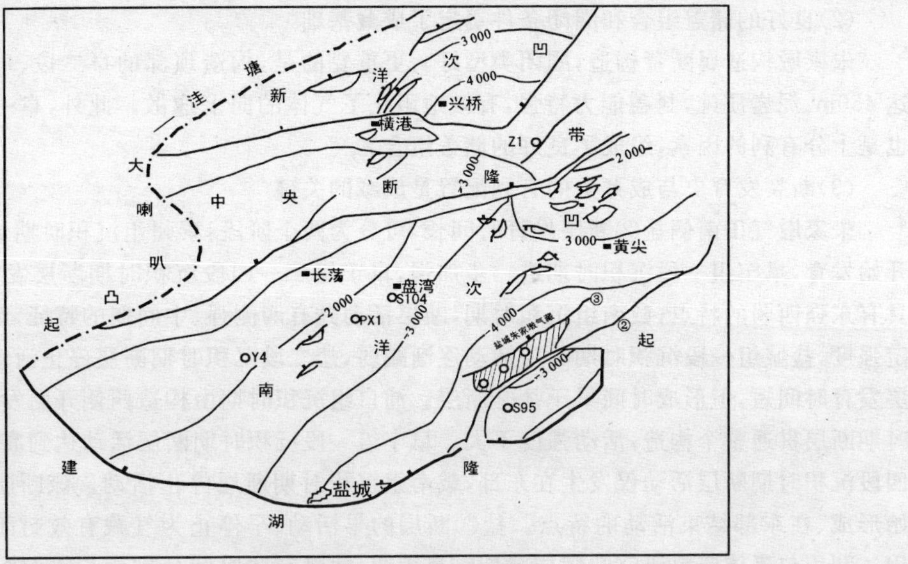

图 5-8　盐城凹陷构造区划图(等高线单位:m)

据盆地模拟结果分析,本区下古生界源岩生烃经历 4 个关键阶段——志留纪、三叠纪、晚白垩纪、第三纪。志留纪末源岩达到成熟—高成熟,三叠纪末达到高成熟,晚白垩纪达到高成熟—接近过成熟,第三纪达到过成熟(晚期)。上古生界源岩生烃经历 3 个关键阶段——三叠纪末未熟—低熟,晚白垩世成熟,第三纪达到高成熟。由图(图 5-9)可见,深埋于凹陷底部的古生界源岩在晚白垩世、第三纪时期曾有过两期“二次生烃”,为此,满足了成藏的烃源要求。

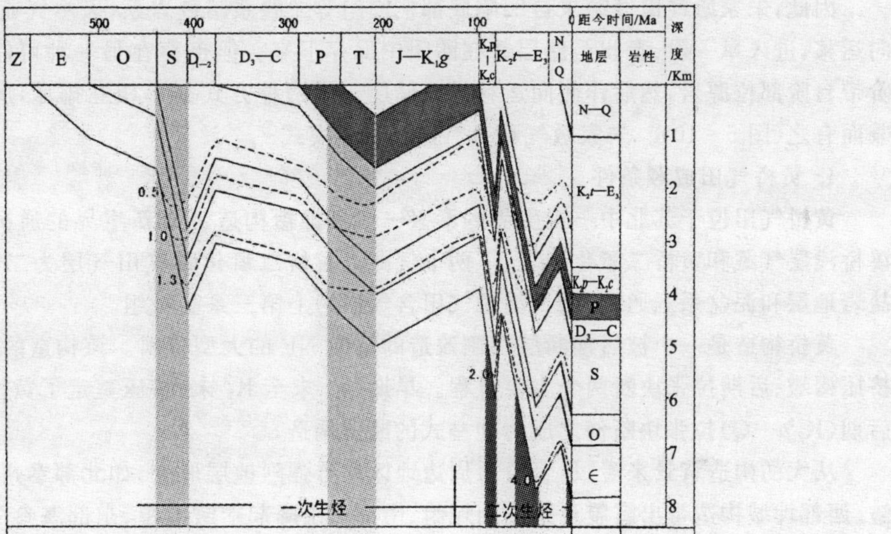

图 5-9　盐城凹陷古生界源岩三史图①

① 陈安定,刘东鹰,黄金明,等. 句容—海安区块现今含油气系统分析和演化过程研究及区带、目标优选. 江苏油田分公司地质科学研究院,2002 年 7 月(内部报告).

(2)良好的储盖组合和圈闭条件奠定了成藏基础

朱家墩构造属断背构造，圈闭类型好。更重要的是，构造顶部的阜二段、阜一段泥岩总厚达450m，泥岩质纯，封盖能力特强，有效地阻止了气体的向上逸散。此外，阜一段储层物性好也是十分有利的因素，组成了良好的储盖组合。

(3)断裂发育史与成藏史的有利配置是成藏的关键

朱家墩气田南侧盐②断层发育时间长，可分为两个阶段：泰州组沉积时期似由两个小断层开始发育，阜宁组一段沉积时期进一步加强，阜宁组二—四段沉积时期断层发育达到高潮，且具有东强西弱的特点；戴南组沉积时期，断层活动具有两侧强、中间弱的特征，至三垛组仍有一定强度，盐城组一段沉积时期断层活动逐渐减弱，盐二段沉积时期断层停止活动。北侧盐③断层发育时间短，但形成时间早于盐②断层。浦口组沉积时期由构造西侧开始发育，泰州组沉积时期断层贯通整个构造，活动强度不大。阜宁组一段沉积时期断层活动达到高峰，阜宁组二—四段沉积时期断层活动仅发生在东部，戴南组沉积时期断层停止活动。该断层具有从西部开始形成、在东部结束活动的特点。盐③断层的早活动、早停止为气藏有效封闭起到了预置作用。利用包裹体资料研究油气成藏期结果表明，油气充注时间分别为三垛组沉积时期和盐城组沉积时期，盐城组沉积时期是主要成藏时期。盐②断层在三垛组、盐一段沉积时期仍保持一种低强度的活动，这恰好保证了天然气运移的顺畅进行，待盐二段沉积时断层活动减弱直到停止，气藏的整体封闭性得到加强。断层活动的减弱或停止对天然气的保存起到了重要作用，成藏时间晚、经历时间短也是保存好的有利因素。这两条断层的活动时间不同，所起的作用也不同，其中一条作为通道，一条起封堵作用，两者形成了有利配合，这种有利配合是形成朱家墩气藏的重要前提。

因此，朱家墩气田气源来自凹陷底部栖霞组等二叠系暗色岩系，天然气通过盐②断层作垂向运移，进入阜一段、泰州组储层并在圈闭中保存下来。但也存在另一种可能，即直接来自断阶带台阶部位源岩，然后作侧向运移进入储层。这两种方式并不相互排斥，所以，也可能两者兼而有之(图5-10)。朱家墩气藏是"古生新储"模式①。

4. 黄桥气田成藏条件

黄桥气田位于苏北中—古生界的泰兴—如皋推覆构造带或新生界的通扬隆起北缘，包括溪桥浅层气藏和黄桥二氧化碳上、下两个气藏。黄桥二氧化碳气田气层为二叠系栖霞组碳酸盐岩地层和泥盆系五通组砂岩，溪桥气田含气层为上第三系盐城组。

黄桥构造是一个被后期断层切割改造的轴向NE的大型背斜。该构造的形成经历了早期挤压褶皱、后期拉张块断两个主要过程。早期(T_3末至K_1末)挤压奠定了黄桥背斜基本形态，后期(K_2p—Q)拉张块断使之成为地垒式的断背构造。

从大的构造背景来看，尽管黄桥周边地区均有强烈地层形变，如北部泰州凸起地层推覆褶皱、西部埤城构造带出露震旦系陡山坨组、南部孤山隆起褶皱推覆、东部海参1井三叠系、二叠系地层卷曲，惟独黄桥构造例外，所钻的井(N13、苏174、N6、N9井)均保留中生界—上古生界且地层层序正常，未出现地层重复等复杂情况，黄桥圈闭总的处在构造形变的相对微弱区(图5-11)。

由油气成因特征分析可知，黄桥地区深层中—古生界气藏与浅层上第三系气藏天然气组

① 陈安定，刘东鹰，黄金明，等.句容—海安区块现今含油气系统分析和演化过程研究及区带、目标优选.江苏油田分公司地质科学研究院，2002年7月(内部报告).

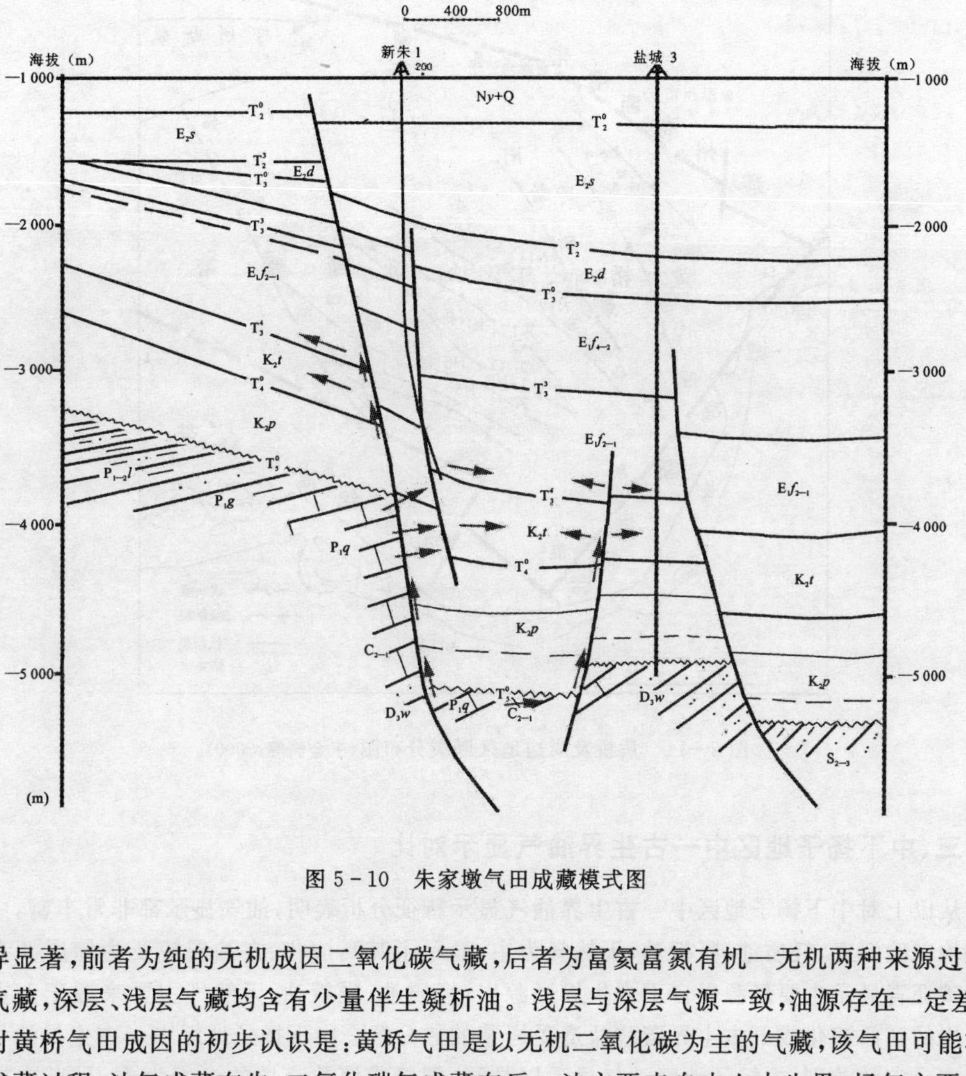

图 5-10　朱家墩气田成藏模式图

分差异显著，前者为纯的无机成因二氧化碳气藏，后者为富氦富氮有机—无机两种来源过渡的含烃气藏，深层、浅层气藏均含有少量伴生凝析油。浅层与深层气源一致，油源存在一定差别。

对黄桥气田成因的初步认识是：黄桥气田是以无机二氧化碳为主的气藏，该气田可能有过两次成藏过程，油气成藏在先，二氧化碳气成藏在后。油主要来自中上古生界，烃气主要来自下古生界。根据本区第三纪时期多次发生岩浆侵入或喷发溢出的事实，推断 CO_2 气体是这一时期岩浆热分解碳酸盐地层产生的，二氧化碳进入之前，气藏已进入较多的大气氮，表明气藏的保存条件曾受到一定程度的破坏。

溪桥浅层气藏有过有机—无机两种来源混合的两次成藏过程，多数气层中烃类与 CO_2 分属有机、无机两个不同来源体系，并存在“此消彼长”关系。据分析，烃类成藏可能在先（苏 174 井五通组未发生烃类成藏），CO_2 侵入在后，侵入时间可能在中-上新世。它们的侵入使烃类被洗脱驱替。但是对一部分低渗透层而言，如坟头组，其驱替是不彻底的，对上部盐城组气藏而言，也只受到轻微侵入。与气相伴生的轻质油、凝析油主要与中、上古生界源岩有亲缘关系，与下古生界源岩差别较大。黄桥地区的油应主要来自三叠系、二叠系①。

① 陈安定，刘东鹰，黄金明，等．句容—海安区块现今含油气系统分析和演化过程研究及区带、目标优选．江苏油田分公司地质科学研究院，2002 年 7 月（内部报告）．

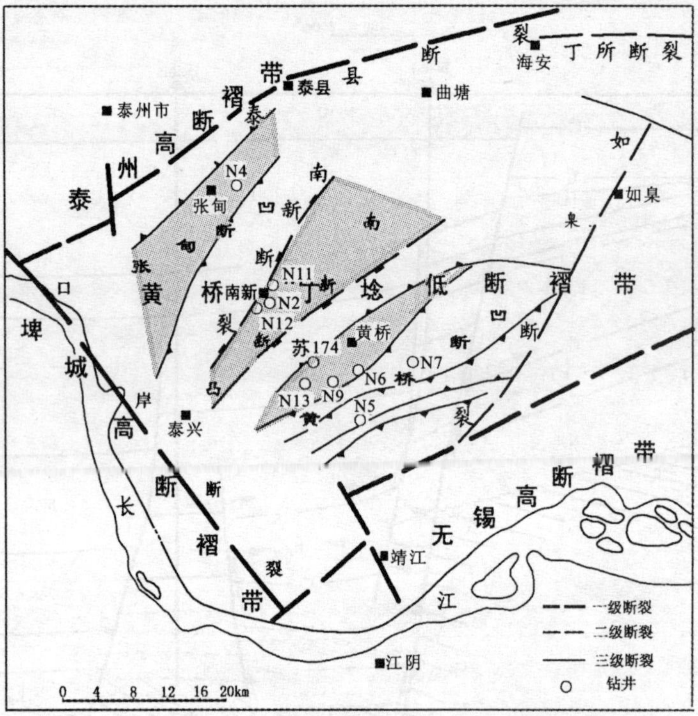

图 5-11　黄桥及周边地区断裂分布图(王金渝等,2000)

三、中下扬子地区中—古生界油气显示对比

从以上对中下扬子地区中—古生界油气显示特征分析表明,油气显示都非常丰富,中—古生界均以碳沥青、轻质油、凝析油、天然气为主,显示了其高演化、古油层蜕变为储层沥青的特征。碳沥青显示主要烃源来自下古生界烃源岩,轻质油、凝析油、天然气主要来源于上古生界烃源岩的高熟演化或下古生界碳酸盐遭受岩浆的热分解。中下扬子地区中—古生界油气显示也存在一定的差别,中扬子地区油气显示以晶洞、裂缝或溶孔充填的沥青为主,只有中扬子西部一个建南气藏;下扬子地区的油气显示类型较丰富,既有固体碳沥青,又有轻质油、凝析油、天然气藏和无机气,而且其分布具有规律性。

中下扬子地区油气藏形成的分析表明,下古生界烃源岩生烃早,基本都在早古生代晚期就已进入生烃高峰期,晚古生代—中生代早期达到生气阶段,早期形成的烃在印支—燕山运动中被抬升剥蚀或氧化为沥青和碳沥青,后期再次埋藏的烃源岩的生烃潜力已经有限,对油气藏的贡献不大。上古生界和下三叠统烃源岩在印支—燕山期达到成熟—高熟阶段,是轻质油和浅层高熟气的主要贡献者。印支—燕山期后的再次深埋使其“二次生烃”或早期烃类物质的热裂解,成为晚期成藏的主要烃源。火山岩喷发对碳酸盐的热分解是无机气形成的主要原因。因此,残存青龙组至二叠系地层烃源岩地层,后期有中—新生代地层的覆盖造成烃源岩的晚期生烃和早期烃类的热裂解,以及火山岩活动区域是中下扬子区有利的生烃区,而推覆期后沉积时期,尤其是浦口组沉积时期的地貌隆起或赤山末构造隆起是晚期生烃的有利运移指向区,只要具备有利的生储组合和有效的封盖条件,这些应是有利的勘探地区。

第二节 中—古生界油气成藏条件

一、烃源条件

盆地中油气源是油气藏形成的首要条件。油气源的丰富程度从根本上控制着油气资源的规模，决定着油气藏的数量和大小；油气源的性质决定着烃类资源的种类、油藏与气藏的比例；油气源形成的中心区控制着油气藏的分布。因此，油气源条件是油气藏形成的前提。

中下扬子地区以印支运动为转折，形成了中—古生界和中—新生界两个不同特征的构造体系，经历了多期的构造演化，形成两个含油气体系。因此，油气的来源并非如单一盆地一样来自原始的烃源，而是来源于多种烃源。

1. 原始烃源

从第三章烃源岩的评价分析，中下扬子地区中—古生界发育了多套有机质丰富的烃源岩，主要有上震旦统、下寒武统、奥陶系、下志留统、二叠系和下三叠统6套，既有泥质烃源岩，又有碳酸盐岩烃源岩。其中下寒武统泥质岩，下志留统泥质岩和二叠系碳酸盐岩，厚度较大，丰度较高，生烃能力较强，是最主要的烃源岩。

下古生界烃源岩进入生烃时间较早，基本在印支期以前进入生油高峰和生气阶段，形成了早期油气聚集，属于生烃条件优越但主要在早期贡献、后期遭受改造和破坏的烃源。印支—燕山期后虽接受沉积继续深埋，但由于早期演化程度较高，烃源岩的生烃潜力已很有限，从二次生烃的模拟实验结果，起始成熟度过“生油死线”(R_o= 1.3%)以后，二次生烃量快速减少。因此，下古生界烃源岩是早期聚集、储层沥青的主要来源。

上古生界烃源岩热演化程度相对较低，多数在印支—燕山期才开始进入生油阶段，燕山期达到生油高峰。此时，由于印支—燕山运动的改造，在地层抬升剥蚀地区，造成生烃减弱，燕山—喜马拉雅期再次沉降地区达到生烃高峰，进入生气阶段，上古生界烃源岩的二次生烃是晚期成藏的主要贡献者，可以成为天然气藏的主力烃源。如前述的盐城凹陷朱家墩气田，其所处的盐城凹陷下古生界与上古生界均为低演化区，前者R_o为1.5%～2.0%，后者小于1.5%，都能为二次生烃形成热解气作出贡献。盐城凹陷古生界低演化的出现，与其特定的地质条件有关，盐城中、新生代凹陷发育在中、古生代的隆起上。

因此，在印支期起处于相对隆起状态，使古生界烃源岩没有进入大量生烃阶段，生烃潜力得以保存的地区是原始烃源主要供应区。除江汉盆地外，南方其他地区下古生界可能不具备这一特定地质条件，但上古生界一般处于高成熟—过成熟阶段，仍能为二次生烃作出贡献，成为晚期聚集成藏的烃源之一。

2. 次生烃源

印支运动以后，中国南方进入以陆相盆地发育的构造时期。印支运动是原生油气系统遭到破坏和重新分配的时期，中—古生代的原生含油气系统，在此时期都受到程度不等的改造，并参与到中新生代含油气系统建造的动平衡过程之中。因此，南方碳酸盐岩地区晚期成藏过程中，并非以原始烃源岩为单一烃源，而是以包括次生烃源的多元供烃形式(戴少武等，2001)。次生烃源主要有以下形式。

(1)次生有机质生烃：前已述及，江汉及周缘地区古生界地层中存在丰富的储层沥青，使岩石有机质丰度异常，可高出层系背景值1～10倍。这些储层沥青所存在的地层往往是台地环境，储层较发育，烃源岩却不甚发育。出现这种台地相“烃源岩”有机碳丰度异常的原因属于次生有机质生烃，也就是说碳酸盐岩具有生油层和储集层双重特征。生油层一般发育于低能环境，而作为储集层的碳酸盐岩常发育于潮坪的高能环境，此外后期的风化、淋滤、改造及构造作用也可使碳酸盐岩成为储集层，尤其是构造裂缝或微裂隙常成为油气运移通道或重质油(包括各类沥青)滞留空间。因此，碳酸盐岩易被外来沥青或自身早期残留沥青所充填，这种现象在高、过成熟碳酸盐烃源岩中尤为普遍。从四川盆地碳酸盐岩研究的结果来看，碳酸盐被污染，即外来沥青的充填非常严重，塔里木盆地、鄂尔多斯盆地下古生界碳酸盐烃源岩也同样存在这一现象。这类储层沥青或重质油在其后的新的格局环境下进一步降解并加入新时期的供烃行列，逐步使储层的烃类由单源信息向混源信息转化，成为一种不容忽视的烃源类型，它不属于二次生烃的范畴，仅仅是次生有机质的相态转换(由固态沥青或液态原油裂解为天然气)。下古生界的烃源岩由于其生烃高峰期早已过去，残留有机质生成的烃类不足以形成工业性聚集，而先期生成的大量油气则跑向高处(台地)，进而随着以后的构造变动演变成为次生海相烃源——储层沥青或重质油。因此，对于下古生界的烃源是一个次生有机质的相态转变，下古生界着重关注的是次生有机质生烃。如中扬子地区储层沥青除呈现了志留系烃源的信息外，又体现了P_1及$\in_1$烃源的信息，$\in_1$烃源信息的出现并不标志着$\in_1$还在生油，这种信息往往是由先期储层沥青或先期残存原油供烃，体现了多源供烃的客观现实，导致储层中混源的必然性[①]。

(2)裂解水溶气源：早期聚集、早期成藏的液态烃，被中—新生代的巨厚沉积再次深埋，当$R_o>2.0\%$时，经高温裂解作用转换成为裂解天然气。在正常压力、温度下，甲烷在水中的溶解度并不高，但在特定的温度、压力下，水溶气的规模相当可观，油型裂解气长期溶解于地层水中，晚期大幅度抬升脱气聚集而成藏。因此，裂解天然气在其平衡关系被晚期的构造运动改造突破后，必然引起再分配、再调整的新的动平衡过程。在这一新的含气系统建设过程中，旧的含油气系统转化成为新含气系统的烃源之一。四川盆地威远气田即可为证，其震旦系到三叠系不同层位天然气的正烷烃、类异戊二烯烃、支链烷烃及环烷烃4类不同结构的系列化合物皆具C_{12}的绝对优势，在其组成中又以异构烷烃占很大比例，反映它们具有基本相同的气源，属次生成因，是油型裂解气长期溶解于地层水中，晚期大幅度抬升脱气聚集而成藏的，证明早期聚集的裂解气在晚期成藏中的重要贡献，是第二世代含油气系统建设过程中的重要烃源。

(3)非烃气源：黄桥CO_2气田的发现，表明非烃气在晚期成藏中的作用。黄桥二氧化碳气根据其碳同位素的分析，碳同位素值稍重于真正岩浆脱气所形成的二氧化碳的碳同位素值，同时又轻于碳酸盐岩热变质分解产生的二氧化碳的碳同位素值，实际是处于幔源岩浆成因与碳酸盐岩变质成因的重叠区间，应是以幔源为主的混合气(戴少武等，2001)。南方中—新生代盆地同样地经历过多期次的构造变革，特别是晚期的伸展、拉张，伴随以多期次的火山岩的侵入与喷发，为无机成因气的形成、释放、聚集创造了有利的条件。即使在构造变动微弱的四川盆地，威28井井深3 626～3 736 m的前震旦系花岗岩中，发现成分异常的天然气，Ar含量为0.205%～0.275%，He含量为1.197%～1.604%，均较灯影组天然气高出一个数量级，特别是二氧化碳碳同位素值表明为无机成因(戴金星等，1995)，说明威远气田可能有部分深源气进

① 蔡立国，丁道桂，等.中扬子南缘沉积－构造演化及勘探潜力分析.中石化股份有限公司石油勘探开发研究院无锡实验地质研究所，2001年8月(内部报告).

入气藏。变形非常微弱的威远尚且如此，南方其他构造变形强烈、火山活动频繁区，亦可为晚期成藏作出贡献。

上述各次生烃源在形成中新生代含气系统的过程中，以多源补给为主导，这与南方多旋回地质结构、多期次构造变动的特点有关。当然，一源供给亦可成藏，如朱家墩气田；但在多源补给的条件下更能形成气藏的规模。

二、储盖组合条件

中下扬子地区储层发育，中—古生界主要储层为碳酸盐岩和碎屑岩。中—古生界碳酸盐岩储层物性具有低孔、低渗特征，由于成岩作用，原生基底孔隙保存较少，主要发育成岩后生阶段改造的次生孔隙和裂隙。孔渗性较好的储层主要是裂缝发育带，而且以地层负载应力和构造应力所产生的裂缝为主，特别是裂缝经地表水溶蚀形成的溶蚀孔、洞、缝，扩大了储集空间。区域性或地区性间断面，侵蚀不整合面附近的古岩溶发育带，风化剥蚀淋滤带、地下流体（油、气、水）活跃带所形成的溶蚀孔、洞、缝既是油气运移的良好通道，又是一种似层状的储集单元。海相碳酸盐岩和碎屑岩储层的储集空间类型有孔洞型、孔隙型、裂缝型和裂缝-孔隙型，以受沉积相控制的孔隙型和古风化壳控制的孔洞型为主（建南气田），碎屑岩储层储集空间主要是粒间孔隙、溶蚀孔隙及构造裂缝。

针对中下扬子地区形成了中—古生界和中—新生界两个不同特征的构造体系，以及多次的构造运动，许多地方古生界地层正常的生储盖组合被扰乱，因此，从“原始”和“重建”两种不同风格的含油气系统结合起来考虑，下扬子地区纵向上发育五套（两套次生、三套原生）生储盖组合。

(1)中—古生界二次生烃为烃源——阜一段＋泰州组砂岩为储层—阜一段＋泰州组泥岩为盖层的次生生储盖组合

该组合形式以盐城朱家墩气藏为依据，其储、盖层质量最好，只是气源供给要依赖断层。所以，新生界盆地边界断层附近的圈闭往往是该类型油气聚集的有利场所。

(2)中—古生界二次生烃为烃源——浦口组二段砂岩为储层—浦口组三、四段泥岩为盖层的生储盖组合

该组合提出以浦口组大量油显示及近年来对浦口组的评价研究为依据。在浦口组各段已经发现有大量油显示。句容地区是印支面浦口组封盖不严的例子，累计钻井 60 口，见显示井 41 口，其中陆相中生界地层见显示井 31 口，可见印支期构造面以下油气曾普遍越过印支面上窜至上覆白垩系等地层。浦口组储集空间既有孔隙也有裂缝，显示类型从含油、油斑、油迹、到荧光沥青、二氧化碳等。这些显示中的一部分来源于下伏的海相中—古生界烃源岩，也有一部分属于“新生古储”。黄桥、句容地区浦口组油显示一般来自中—古生界，泰州凸起地区的油显示多半属于“新生古储”。该组合同样以中—古生界二次生烃为源，以断层、不整合面和浦口组底部渗透层为疏导层向上运移，浦口组二段中下部砂体为储集层，浦口组上部浦三段—浦四段大套含膏泥质层为封盖层。但其储层物性非均质性强，总体属于低渗透砂岩。

(3)中—古生界二次生烃为烃源——古生界风化面（或岩溶带）缝洞系统为储层—浦口组底或上古生界龙潭组泥岩等为盖层的原次生生储盖组合

该组合以黄桥气田、容 2、容 3 井油藏、盐城 3 井、戴参 1 井气显示为依据。朱家墩气藏的发现同时给我们提出另一个问题，既然古生界的气能够窜到上面来，它在古生界应有更多机会可以成藏。该组合气源条件相对有利，关键是封盖和储层。

(4)$\in_1 mu$(生)—$Z_2 dn$(储)—$\in_1 mu$(盖)的生储盖组合

以下寒武统幕府山组黑页岩为烃源岩及盖层，以震旦系灯影组上部孔隙白云岩为储集层的"上生下储"组合。位于泰州凸起地区上的苏103井曾于灯影组的云岩孔洞发现过固体沥青。

(5)$\in_1 mu$、$S_1 g$(生)—$\in_{2-3}$、O_{1-2}(储)—$S_1 g$(盖)的生储盖组合

下部以下寒武统幕府山组黑页岩为源岩、上部以上奥陶统五峰组—高家边组底部黑页岩为烃源岩及盖层，中部以中上寒武统白云岩、下奥陶统颗粒灰岩为孔隙性储层的一套生储盖组合。位于高邮凹陷南断阶上的许24、江2井，以及江都隆起地区上的古参1井奥陶系、寒武系灰岩、白云岩孔隙曾发现固体沥青，其高演化特征可以证明它是下古生界生成原油的裂解产物。

中扬子地区在中—古生界海相地层组成了两套与盆地形成旋回相对应的生储盖组合，即上震旦统—志留系组合(称下组合)和志留系—中三叠统组合(称上组合)。下组合可进一步划分为两套次级的正常式生、储、盖组合，即上震旦统陡山沱组(生)—上震旦统灯影组(储)—下寒武统水井沱组、石牌组(盖)(Ⅰ$_1$组合)；下寒武统(生)—中上寒武统、下奥陶统(储)—下奥陶统大湾组至下志留统(盖)(Ⅰ$_2$组合)，该套组合奥陶系亦可形成自生自储式生储盖组合。上组合可划分为三套次级生、储、盖组合，即下志留统(生)—石炭系(储)—下二叠统(盖)正常式组合(Ⅱ$_1$组合)；下二叠统(生、储)—上二叠统、下三叠统大冶组(盖)自生自储式组合(Ⅱ$_2$组合)；上二叠统、下三叠统大冶组(生)—下三叠统嘉陵江组(储)—中三叠统—下侏罗统(盖)正常式组合(Ⅱ$_3$组合)，该组合内同时存在下三叠统自生自储式生储盖组合。

中—古生界油气成藏总体上应呈"层位上移"趋势，所以，应重点注意上面次生的生储盖组合。

三、油气运聚与成藏期

油气运聚史与圈闭发育史、有机质热演化史及孔隙演化史的有机配置，决定了气藏富集程度。矿物包体作为成矿溶液的原始样品被保存下来，是油气运移和聚集的直接证据。含烃水溶液包体，代表了油气运移的进行，而大量有机包体的出现，特别是液态、气态、固态烃类单相包体的大量存在，反映了油气的聚集过程。

1. 油气成藏期

野外地质考察采集了京山奥陶系宝塔组(O_{2-3})晶洞沥青灰岩(DZ-5)、三叠系大冶组晶洞沥青灰岩(DZ-12)和崇阳县二叠系栖霞组中的裂隙及晶洞沥青灰岩(DZ-18)3块样品，并对它们进行流体包裹体分析。

3块样品的流体包裹体双面抛光薄片荧光观察试验均检测了穿石英颗粒裂纹、石英颗粒内裂纹、裂缝充填方解石脉和方解石胶结物中的流体包裹体(表5-4)。其中DZ-5和DZ-12样品在裂缝充填方解石脉和石英颗粒内裂纹中都检测到发蓝白色荧光油包裹体，DZ-18未检测到任何油包裹体，DZ-5和DZ-12样品均检测到一期发蓝白色荧光油包裹体，可能代表均有一期高成熟油充注。

表 5-4　流体包裹体分析样品及荧光观察结果

序号	样品编号	岩性特征	荧光观察结果	油气充注期次
1	DZ-5	砂岩	裂缝充填方解石脉和石英颗粒内裂纹中见发蓝白色荧光油包裹体	蓝白色荧光可能代表一期高成熟度油充注
2	DZ-12	砂岩	裂缝充填方解石脉中见发蓝白色荧光油包裹体	蓝白色荧光可能代表一期高成熟度油充注
3	DZ-18	含生物碎屑泥质粉砂岩	未见任何油包裹体	

流体包裹体显微测温、测盐分析结果表明，DZ-5 样品石英颗粒内裂纹中检测到两期盐水包裹体，平均均一温度分别为 145.5℃和 182.6℃；两期含烃盐水包裹体，均一温度分别为100.6℃和 138.8℃；在裂缝充填方解石脉和石英颗粒内裂纹中检测到一期油包裹体，均一温度范围 83.5～95.0℃(图 5-12)。DZ-12 样品在裂缝充填方解石脉中检测到两期高温盐水包裹体，均一温度分别为 170.9℃和 186.6℃；在裂缝充填方解石脉中检测到一期凝析油包裹体，均一温度为 170.9℃(图 5-13)。DZ-18 样品在石英颗粒内裂纹中仅检测到一期盐水包裹体，均一温度为 119.2℃，气包裹体已经挥发。

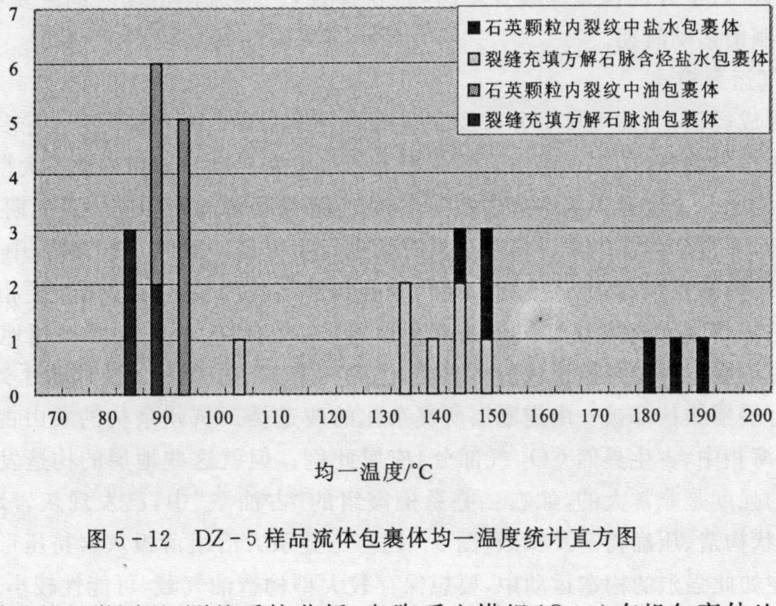

图 5-12　DZ-5 样品流体包裹体均一温度统计直方图

根据 3 块样品的显微测温、测盐系统分析，奥陶系宝塔组(O_{2-3})有机包裹体比较丰富，有油包裹体和含烃包裹体，赋存于裂缝充填方解石脉和石英颗粒内裂纹中，反映了充填方解石脉形成期就是裂缝性气藏的充填聚集期。油包裹体的均一温度为 83.5～95.0℃，按地温梯度 3.3℃/100m 计算，当时埋深约 2 700m，通过江汉油田所作牌参 1 井、岳参 1 井等埋藏史图分

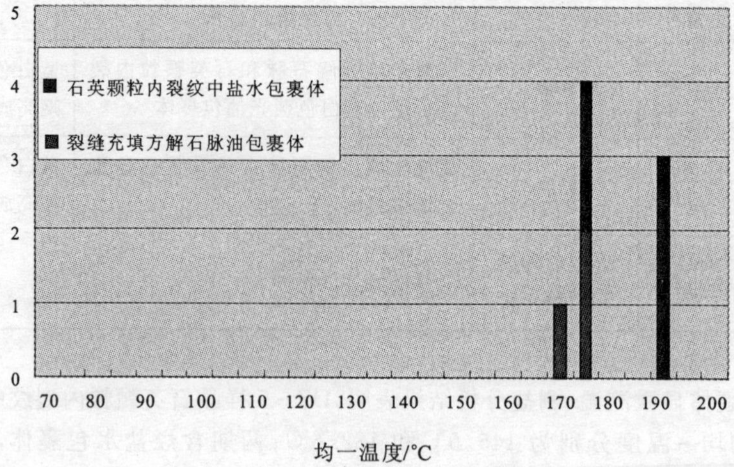

图 5-13 DZ-12 样品流体包裹体统计直方图

析①,油的充注时间较早,大约在石炭纪—二叠纪形成油藏;含烃盐水包裹体均一温度为138.8℃,埋深约 4 200m 左右,烃类气体在早三叠世充注。三叠系大冶组只有一期凝析油包裹体,均一温度为 170.9℃,反映了充注时间较晚,在印支期以后高演化烃类才进入储层。二叠系栖霞组灰岩中有机包裹体较少,气体很快挥发,一期流体活动时间主要在侏罗纪—白垩纪,印支—燕山运动时期。

2. 油气运聚模式

从烃源成烃演化、油气显示分布及成藏期的分析来看,中下扬子地区有多种成藏模式,主要有中—古生界内幕,印支—燕山不整合面上、下,中生界(浦口组)内幕三大勘探领域。

(1)海相中—古生界内幕构造成藏模式:古生界的烃源岩在印支—燕山期以前进入生油并达生烃高峰,下古生界在志留—早三叠世时期进行生排烃。此时,油气进入中—古生界储集层中,受沉积环境的控制,高能环境的台地相等有利储层成为油气运移的主要指向,下古生界海相地层中的构造圈闭成为油气聚集的有利地区,主要有:①下古生界海相地层舒缓褶皱类;②海相上古—中生界受推覆形成的褶皱类;③海相上古—中生界的逆冲断片类;④海相上古—中生界的舒缓褶皱核部被一组逆断层所复杂化的改造类。杭州余杭的泰山古油藏、苏北黄桥 CO_2 气藏(海相中、古生界储 CO_2 气部分)应属此例。但就这些地层的构造发育特征来看,其构造活动的强度是非常大的,如在二叠系栖霞组的"古油藏"中,已发现灰岩地层挤压变形严重,具香肠状构造、压扁构造及揉皱(图 5-14);三叠系大冶组薄板灰岩挤压形成协调褶皱(图 5-15)。在如此强烈的构造运动中,要想保存较大型构造油气藏,可能性较小。

(2)印支—燕山不整合、构造成藏模式:上古生界烃源岩在印支前未达到生烃高峰,使生烃潜力得以保存,之后的再次埋藏二次生烃,或者下古生界形成的油气氧化成的沥青热裂解成为油气在运移聚集的烃源通过断裂、不整合面等通道进入下伏印支面海相中、古生界突起及上覆披覆构造、断层体系,成为油气运移聚集的归宿。在下扬子南(京)—南(通)地区,往往在浦口

① 王韶华. 江汉平原区中古生界海相烃源岩生烃史与二次生烃潜力. 江汉油田分公司勘探开发研究院,2004 年 3 月(多媒体汇报).

图 5-14　湖北崇阳县栖霞组地层香肠状构造和压扁构造

图 5-15　京山地区三叠纪大冶组深灰色薄板状灰岩挤压形成协调褶皱

组与海相中、古生界不整合面上下有好的油气显示，即属此类，是“古油中（生界）找”的重要领域。但要注意中、古生界突起高点与披覆构造高点位置的一致与偏移，也要与油气源、运移条件等配套。

(3)中生界（浦口组）内幕成藏模式：主要发育于下扬子地区，浦口组走滑断裂引起的正花状构造成油气模式。下辽河、渤海湾下第三系中由郯庐断裂系引起的正花状构造已经有油气藏的发现。在苏北地区，通过建湖隆起南缘的 G78 线，在浦口组及其上、下存在由走滑断裂引起的正花状构造，由于这种断裂系统连通浦口组及下伏的海相中、古生界，油气可以从中运移，可以形成此类油气藏模式。

四、油气保存条件

油气藏作为多种复杂地质因素共同作用的产物，不仅其形成与构造作用有关，而且形成之后还要受到断裂活动、岩浆热液活动、变质作用、区域盖层及水文地质条件等多因素的影响。构造作用既可以造成油气藏破坏，也可以向着有利于油气藏的保存并使油气更富集的方向发展。而油气藏形成或再调整之后，其整体封存条件和相对稳定的地下水区域是油气藏保存的关键，决定着油气藏的最终命运。

1. 构造运动与油气保存

自古生代以来,中下扬子地区经历了加里东、海西、印支、燕山和喜马拉雅几期大的构造运动,对油气的聚集和破坏有着重要的影响。古生代期间,扬子盆地相对稳定,盆地中的构造活动相对平和。加里东运动开始,盆地沉积机制和构造格局发生转折,志留系与泥盆系间出现明显的间断剥蚀面,加里东运动对盆地的影响仅仅表现为一次地壳抬升过程,对盆地没有构成直接的破坏作用。加里东构造抬升之后,盆地重新处于稳定的构造环境,直至晚古生代,这种稳定的构造环境一直占主导(郭念发,1996),为烃源岩的深埋生烃创造了条件,生成的油气在相应的圈闭中聚集。

中生代开始印支—燕山运动早期,扬子盆地的区域构造背景发生了重大转折,构造活动强烈,原海相盆地开始解体,对油气的影响有两方面的作用。一方面,早中生代前陆变形中形成的一系列逆冲-推覆断层会使下古生界的油气藏向上散失或向两侧发生迁移,从而使原始油气藏遭到破坏,下古生界中的褶皱会使原始圈闭发生改造、油气发生重新迁移。上古生界—中三叠统的主力生油层在前陆变形开始时还没有进入生油期,前陆变形对上古生界—中三叠统油气资源的破坏主要表现在褶皱隆起使许多地方上古生界及其中的生油岩系遭到大面积的剥蚀。中扬子及邻区的挤压作用是一个持续增强的过程,到侏罗纪末,全区经历了翻天覆地的构造变动,全区大部分地区几乎全部暴露地表,并大部分延续至今,长期的风化、淋滤和剥蚀作用,对海相油气的成藏和破坏具有深远的影响。在这种整体构造作用强烈的背景下,寻找一片相对宁静之地,以便海相油气的成藏和保存,成为了中扬子地区海相油气勘探评价中的关键。中扬子地区印支强作用区主要在南部江南断裂带和鄂东南地区,次强作用区发生在随州—应城地区和青峰断裂东段,扬子地区中部构造作用较弱,主要形成大的隆坳形态,其中鄂中区和西部作用强度小,有可能形成近东西向为主的宽幅背斜,对油气聚集有利。下扬子地区在滁全坳陷、皖南坳陷、江南基底隆起带等是前陆变形期的强烈剥蚀区,其内上古生界—中三叠统多已被剥蚀掉,仅局部残留,因而这些地区基本上不具备形成上古生界—中三叠统油气藏的条件。沿江地带是前陆变形期南、北对冲地带(峰带),剥蚀强度最低,在以后又长期处于相对坳陷地区,这里上古生界前期变形强烈,褶皱以线形的紧闭褶皱为主,因而多只能形成小型背斜圈闭。另一方面,中生代早期的前陆变形发育前陆盆地的地区,堆积了巨厚的陆相碎屑岩,下伏海相古生界得以在强烈的前陆变形中保存下来,像下扬子地区刚刚形成的青龙组主力生油层和其上膏岩盖层得以保存下来。前陆盆地中的泥质岩为下伏的油气藏提供了遮挡或作为盖层,其中某些碎屑岩(如无为盆地的拉犁尖组和磨山组砂岩)还可作为储集层。推覆构造产生的叠置岩片,也可以成为一种有利盖层和圈闭,国内外已有许多推覆构造下发现油田的实例。逆冲-推覆构造可以在纵向上造成生油岩系乃至油气藏的重复,出现"山下盆"、"盆下盆"的现象,这会在有限的地区使油气资源大为增加。然而,复杂的前陆冲断作用,以及本区普遍出现的断而不推、推而不远的现象,也难以形成大型的油气藏,这是非常不利的一面。前陆变形期的构造动力对海相地层中储集体的改造结果,大量脆性岩石构造裂缝、裂隙和碳酸盐岩溶孔、溶洞的形成,较大程度上改善了储集空间,为油气运移、富集创造了有利条件。如浙西北长兴煤山海相构造盆地内,煤矿巷道中油气层一旦暴露,原油就从裂缝中外流的现象十分普遍,在苏南地区及句容盆地内也多见此现象。另外,前陆变形中由于隆升剥蚀而造成的多个区域性不整合面,也为形成古地貌油气藏提供了条件(梅廉夫等,2003)①。

---

① 周祖翼,杨凤丽,等.下扬子区印支期以来主要构造运动性质、表现及其对油气藏形成与改造的作用.同济大学海洋地质与地球物理系,2001年8月(内部报告).

燕山晚期及其后的伸展作用相对于其前的挤压作用，发生了根本性的改变，在中扬子及邻区燕山晚期及其后的张性活动形成的正断层不利于海相油气的保存。在脆性的碳酸盐岩层中发育的正断层，如果没有很好的胶结，其封闭油气的可能性很小，且大部分时间内可能是开启的，但可成为油气运移的通道。如前述京山奥陶系古油藏，沥青充填于方解石脉的晶洞中，灰岩中发育着有机包裹体，这些信息指示晚燕山运动使得前期形成的油气藏被破坏，使油气重新运移，对油气的保存不利。中扬子地区燕山晚期的张性活动从东到西是逐渐减弱的，正断层也由东部的NE向及NW向双断层，发展到西部的NE向单断层，到利川复向斜正断层已经很小，再往西到渝东垫江、达县，正断层已不见踪迹。在中扬子地区伸展作用较弱的区域有两个：①应城、天门、荆州到江南断裂西段；②秭归、兴山和保康低值区，对油气的保存较为有利。下扬子地区燕山晚期发生了郯庐走滑断裂系的大规模活动和同期区内强烈的岩浆活动，晚侏罗世—早白垩世下扬子地区北北东—北东向郯庐左旋走滑断裂系的强烈活动使盆地内原先近东西向的岩相带、前陆变形带及前陆盆地受断裂的错移与旋转而变成北东—北东东向的延伸，原先呈东西向展布的油气资源带(如控制下古生界主力生油层的滁河海盆、浙皖赣海盆)也相应地被改造成北东向展布。郯庐断裂局限于走滑断裂附近的局部走滑挤压，对区内油气的影响只是局部的，但陡立而切割深的郯庐断裂系构成下伏中—古生界处油气向上运移的通道，特别是对于断裂活动前已经形成的油气藏(下古生界和前陆盆地下的上古生界油气藏)，断裂活动期的摩擦生热一方面会加速附近上古生界—中三叠世生油岩的热演化史，另一方面将对下古生界中已形成的油气藏造成破坏。这一时期下扬子地区发生了强烈的中酸性为主的火山喷发与岩浆侵入，大量喷发的火山岩，由于冷却快，其瞬时行为对深埋地下的油气藏和生油层的保存一般不会构成显著的影响，也不会造成强烈的热变质。但这一时期多处出现的侵入岩(中酸性为主)，长期深埋地下，冷却时间慢，长时间保持较高温度，其对油气藏或生油层的热影响时间长，对于区内早已形成的早古生界油气藏(热演化程度本来就较高)，进一步加温会加快热演化，使其向固体沥青和甲烷气方向发展。另外侵入岩对早期圈闭的穿刺、强烈的围岩蚀变及岩浆活动对油气藏都有破坏作用。晚白垩世—老第三纪的区域伸展作用，使下扬子地区形成一系列陆相断陷盆地，对下扬子地区内的油气保存具有重要的积极意义，它使下伏海相地层中及前陆盆地中的油气资源得以有利地保存，避免出露地表或剥蚀，是勘探下伏海相油气藏和前陆盆地中油气藏的有利地区。

渐新世以来的喜马拉雅运动，下扬子地区受NW—SE向的区域挤压相对较弱，一般没有对区内的油气藏造成大规模的或显著的破坏，相反地，伸展盆地中上白垩统—下第三系在这次构造反转中形成了一些大型平缓的短轴背斜，可以为其中的油藏提供大型的圈闭。在迁移有利情况下，这种大型圈闭也可为下伏油气所利用，即“下生上储”。盆缘伸展断层的反转或盆缘的逆冲，也可使附近的盆内地层产生牵引、背斜、断裂等类型的小型圈闭。伸展盆地的反转使盆地局部受到剥蚀，对下伏海相油气藏的保存不利，但其破坏性不大。构造反转期的断裂活动，可以使逆断层进一步反转造成一部分依靠断层封闭的油气藏遭受破坏，也给油气藏的形成增加了复杂性，并局部起着破坏作用①。

可见，构造运动对油气的聚集和保存作用是双向的。一方面，印支—燕山期构造运动造成下古生界油气藏和上古生界烃源岩抬升遭受剥蚀，致使油藏破坏和烃源岩暴露地表被剥蚀掉；

---

① 陈安定，刘东鹰，黄金明，等.句容—海安区块现今含油气系统分析和演化过程研究及区带、目标优选.江苏油田分公司地质科学研究院，2002年7月(内部报告).

燕山晚期郯庐走滑断裂系的活动及其后的伸展作用，圈闭受到改造，断层的封闭性减弱，使下古生界和前陆盆地下的上古生界油气藏沿断裂散失。另一方面，中生代早期的前陆盆地区堆积了巨厚的陆相碎屑岩，使下伏海相古生界得以保存；晚白垩世—老第三纪的区域伸展作用，形成一系列陆相断陷盆地，使下伏海相地层中及前陆盆地中的油气资源得以有利地保存；喜马拉雅期的伸展盆地盆缘的逆冲构造，使较老地层盖在盆地内部中上白垩统—下第三系之上，这可以使下第三系—白垩系中的油藏或生油层得以有利地保存下来，并且完善其热演化，对油气藏的保存起到积极作用。

2. 整体封存条件

鉴于中下扬子地区的地质条件，大量勘探实践证明，海相碳酸盐岩油气的地质保存条件是勘探的关键，尤其是区域性盖层的整体封存地质条件。在中下扬子地区对海相油气起整体封存作用的上覆盖层主要是中三叠统—侏罗系泥质岩，在海相地层中上古生界—下三叠统区域性盖层有栖霞组瘤状灰岩与泥岩、大冶组泥灰岩与泥岩、嘉陵江组膏盐，下古生界区域性盖层有下志留统泥岩，局部盖层中扬子区有梁山组页岩和吴家坪组页岩与致密灰岩，下扬子区有龙潭组泥岩。

(1)下古生界区域盖层：对于下古生界油气藏来说，区域性盖层主要是下志留统泥岩。下志留统龙马溪组黑色笔石泥岩相（下扬子地区称高家边组），除贵州地区于燕山期强烈褶皱抬升、遭受剥蚀、形成一个广泛开启的低压区外，南方其他大部分地区（包括黔东部分地区）仍有较好的保存，并埋藏于地腹。中扬子地区志留系底部的龙马溪组泥页岩，在鄂西南的残余厚度为500～800m，鄂中一部分地区如京山、沔阳为200～500m。现保存较好的地区有宜昌-秭归台向斜、利川台向斜、桑植台向斜、沉湖-土地堂台向斜。在下扬子地区志留系除部分地区已遭暴露被剥蚀外，广大覆盖区的井资料表明存有中、下志留统。因此，扬子地区寒武系油气藏具有较好的区域性盖层条件（胡书毅等，1999）。中扬子地区发育两套直接盖层，下寒武统泥岩和中、上寒武统的膏云岩，但其封闭性能较上扬子地区有所下降。下扬子地区直接盖层发育较差，只有一套下寒武统泥岩，局部地区盖层、储层、生油层往往不能区分。因此，下扬子地区寒武系油气的封闭性远不如中扬子地区。

(2)上古生界区域盖层：上古生界栖霞组灰黑色泥灰岩与瘤状灰岩，野外观察可见，厚度较大，岩性致密，有机碳含量高。在京山—荆门243省级公路七宝山村栖霞组为深灰色含钙质泥质瘤状灰岩和硅质结核瘤状灰岩（图5-16），在南京市江宁区湖山乡栖霞组底部为深灰色灰岩（图5-17），川东气田勘探证实石炭系顶部普遍发育异常超压系统，表明这套盖层封闭能力较强，为区域盖层。栖霞组沉积时期为晚古生代以来最大海侵时期，以碳酸盐岩广布，岩性、岩相、厚度稳定为特征。

下三叠统大冶组在中扬子地区分布较广，大冶组盖层（泥质岩与泥灰岩）厚度较大，野外露头区该段地层发生揉皱变形（图5-15），表明该段地层具有一定的塑性。鄂西渝东地区乌江边的露头上，该段地层为明显的隔水层，水头差达100m之多（图5-18），表明地层封闭能力较强。

嘉陵江组膏盐主要分布在嘉陵江组二段、四段与五段，膏盐是天然气的优质盖层，封闭性强，塑性大。川东与建南气田燕山期发育的逆断层多消失在嘉陵江组膏盐内，这表明嘉陵江组盖层塑性强，不仅是高陡构造带的有效盖层，而且也是断裂构造活动的重要调节剂。膏盐既是顶级优质盖层，又有它不利的一面，即它的易溶性，因此，膏盐盖层不能暴露地表。在中下扬子地区的野外地质调查中均未找到嘉陵江组膏盐，又缺乏井下资料，对该盖层的平面分布特征不太清楚。但据鄂西渝东区膏盐厚度分布看，膏盐厚度分布明显受上覆地层分布的影响，在上覆

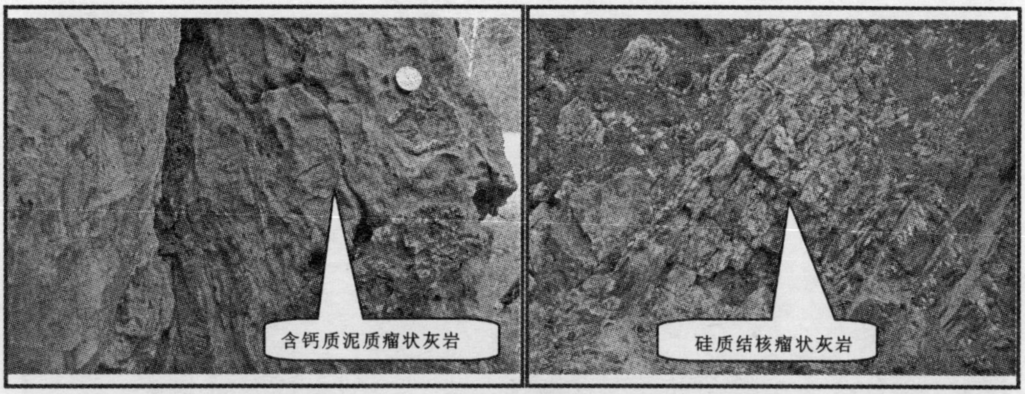

图 5-16　湖北京山县栖霞组含钙质泥质瘤状灰岩和硅质结核瘤状灰岩

图 5-17　南京市江宁区湖山乡栖霞组底部为深灰色灰岩

地层较厚的石柱复向斜内部膏盐累计厚度达 130～190m；而在研究区东部，由于上覆地层中三叠统—侏罗系普遍发生剥蚀，嘉陵江组膏盐出露地表而遭受溶蚀，膏盐厚度迅速降低，膏盐厚度具有从西向东减薄的趋势(图 5-19)。

上古生界除了上述区域性盖层外，中扬子地区梁山组页岩和吴家坪组页岩与致密灰岩为局部盖层。梁山组地层厚度较小，平均 7.1～29m，且平面分布不稳定，难以作为区域盖层。下扬子地区龙潭组盖层主要为深灰、灰黑色硅质页岩、泥岩、碳质泥岩、砂质泥岩，岩性较纯，分布范围广，由于受印支—燕山运动的改造，龙潭组泥岩连续性遭受破坏，其厚度保持在 100～300m，局部地区厚度仅为几十米。龙潭组泥质岩主要发育在顶底部位，是上古生界良好的局部性盖层。平面上龙潭组泥质岩有 4 个厚度中心，分别为黄桥地区、句容地区、溧阳地区和安徽广德地区，其泥质岩厚度均大于 150m，是本区较好的盖层分布区。根据其岩性、厚度、埋深，结合盖层评价参数和泥质岩沉积特征将本组盖层划分为Ⅰ、Ⅱ类区(图 5-20)。Ⅰ类区主要分布于构造相对稳定的黄桥、小海地区，以三角洲—滨海沼泽相沉积为主，泥质岩厚度一般大于 150m，泥质岩较纯，盖层评价参数高。在黄桥地区龙潭组可能存在压力封闭，是盖层条件

图 5-18　乌江剖面大冶组底部隔水层野外现象

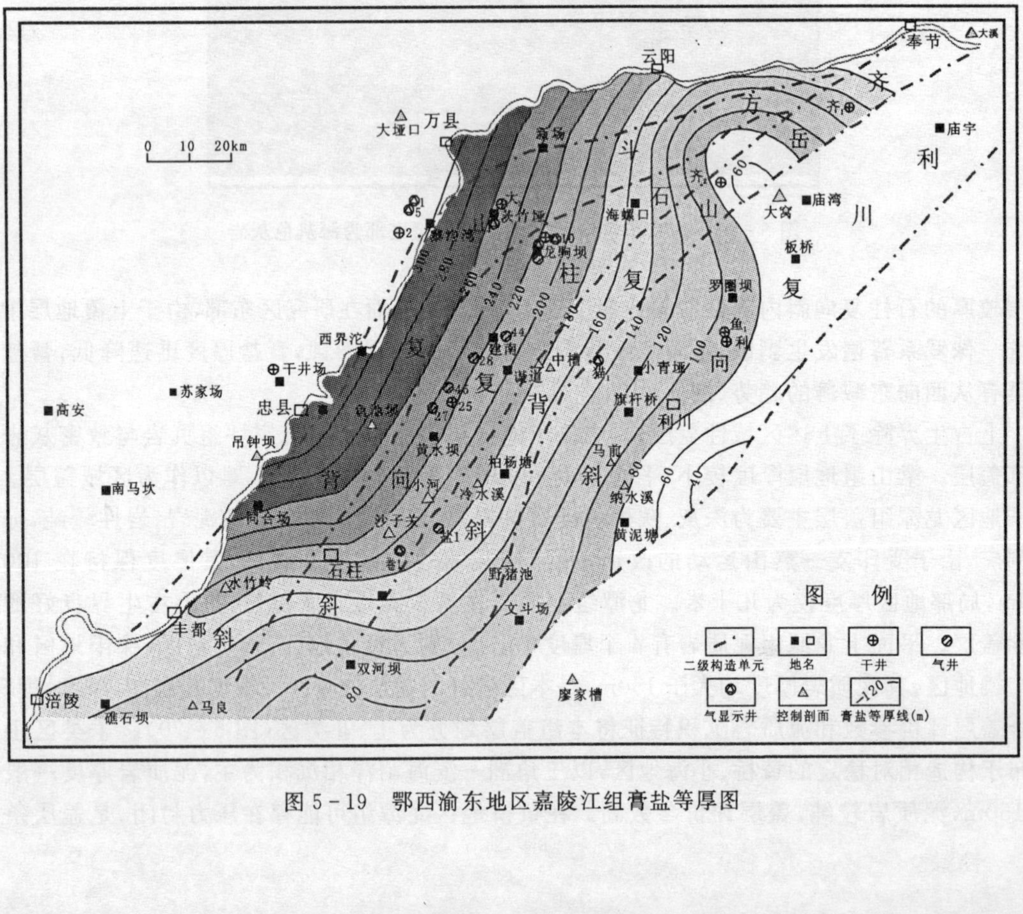

图 5-19　鄂西渝东地区嘉陵江组膏盐等厚图

发育较好的有利地区。Ⅱ类区以三角洲—滨海沼泽相、三角洲相沉积为主，泥质岩厚度一般为200～300m，盖层评价参数中等。受构造因素影响，此类地区盖层连续性较差，但封闭性能较好，可作为中、古生界油气藏的有效的直接盖层。句容地区见工业油流的容3井，其储层的直接盖层就是龙潭组泥岩，显示了它的封闭能力。此类盖层主要分布在句容、溧阳和广德地区。Ⅲ类区泥质岩厚度小于100m，砂岩百分比含量高，这些区域一般为冲积平原相沉积。如皋地区苏145井龙潭组岩性为灰黑色泥质粉砂岩为主，砂岩含量较宁镇地区高。在苏北滨海地区，如滨314、滨403等多口钻孔中，岩性均以石英砂岩及粉砂岩为主，且泥质岩以粉砂质泥岩和含粉砂泥岩为主①。

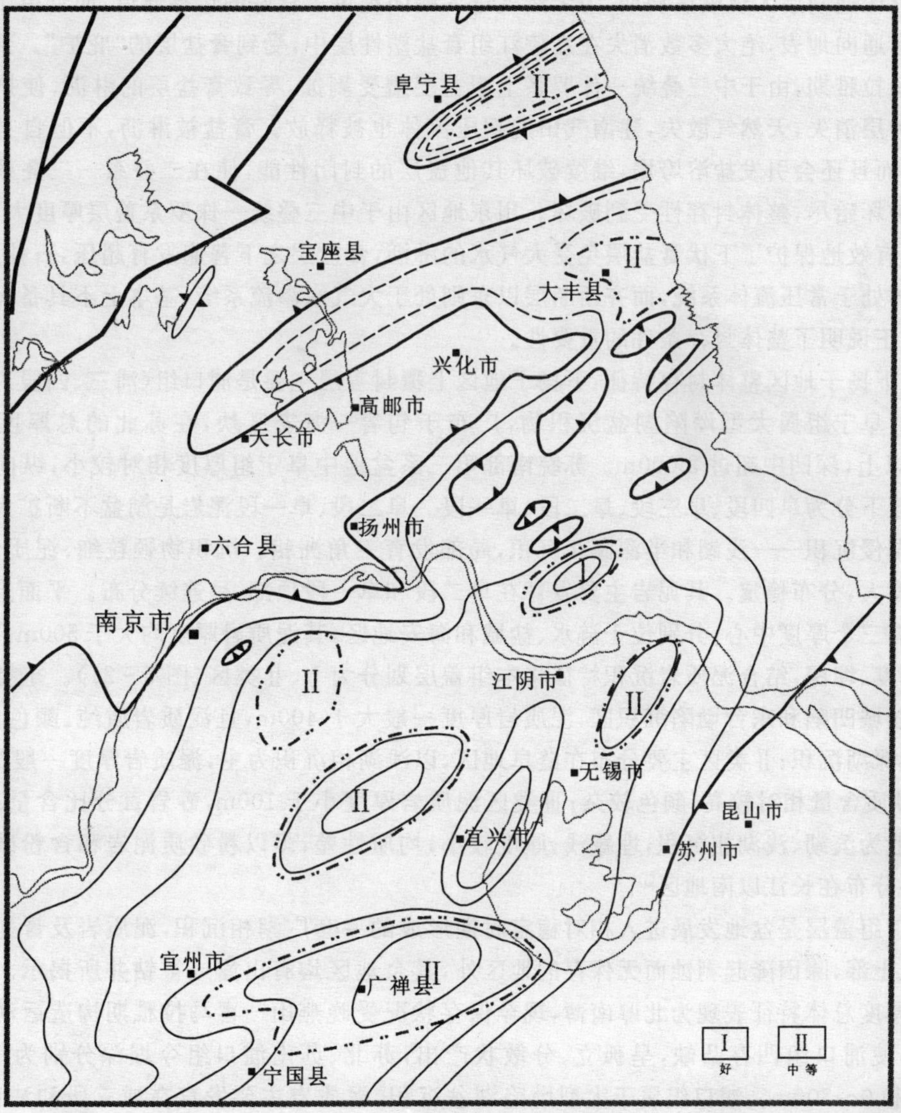

图5-20　龙潭组泥岩盖层评价图

① 陈安定，刘东鹰，黄金明，等. 句容—海安区块现今含油气系统分析和演化过程研究及区带、目标优选. 江苏油田分公司地质科学研究院，2002年7月（内部报告）.

(3)中扬子地区整体封存特征：中扬子地区起整体封存作用的上覆盖层主要是中三叠统—侏罗系。中三叠统在鄂西、鄂北称巴东组，其上发育泥岩与泥灰岩薄互层型盖层，局部有石膏层，中部为紫红色页岩夹薄层紫灰色细砂岩及灰色白云岩；在鄂东南称蒲圻组，为紫红色泥岩。侏罗系泥岩以紫红色与灰绿色为主。中三叠统—侏罗系盖层在中扬子地区，仅石柱复向斜、当阳复向斜及沉湖复向斜有连片分布。石柱复向斜内残余厚度 1 650m，最大厚度近 3 000m；当阳复向斜内残余厚度 1 134～2 678m，最大厚度位于香炉山一带；沉湖复向斜内残余厚度 500～1 800m，在法泗与彭场等地有侵蚀窗。

整体封存性盖层的发育对油气的保护起到至关重要的作用，当烃源岩进入生气高峰期时，正是研究区逆断层大规模活动期，为天然气进入圈闭提供了良好的运移通道，而且由于上述断层并没有通向地表，绝大多数消失在嘉陵江组膏盐塑性层中，受到膏盐层的“庇护”。到燕山晚期与喜马拉雅期，由于中三叠统—侏罗系上覆盖层遭受剥蚀，导致膏盐层的淋沥，使挤压构造膏盐保护层消失，天然气散失，建南气田的超压流体也被释放。膏盐被淋沥，不但自身封闭性能散失，而且还会引发盐溶垮塌，继续破坏其他盖层的封闭性能，使在二叠系—三叠系中发育的气藏破坏殆尽，整体封存性受到破坏。川东地区由于中三叠统—侏罗系盖层厚度大，平面分布稳定，有效地保护了下伏膏盐层免受大气水的淋沥，膏盐层之下普遍发育超压，石柱复向斜，地层流体处于常压流体系统，而齐西断层以东则处于大气水渗流系统，基本上不具备天然气保存条件，正说明了整体封存条件的重要性。

(4)下扬子地区整体封存特征：下扬子地区上覆封盖层主要是浦口组(浦三、四段)、阜宁—泰州组。阜宁组属大型坳陷湖盆沉积物，广布于句容—海安区块，在苏北的总厚度一般在 1 000m以上，深凹中超过 2 000m。苏皖南部第三系盆地中阜宁组厚度相对较小，纵向上阜宁组从上至下分为阜四段、阜三段、阜二段、阜一段。阜二段、阜一段泥岩是湖盆不断扩大时形成的一套湖侵沉积——浅湖和半深湖相沉积，局部发育三角洲相。沉积物颗粒细，泥质含量高，沉积厚度大，分布稳定。其泥岩主要发育在阜二段和阜一段顶部，呈连续分布。平面上此套盖层泥岩有三个厚度中心，分别位于涟水、盐城和海安地区，其泥质岩厚度均大于500m。根据其岩性、厚度、埋深，结合泥质岩沉积特征将本组盖层划分为Ⅰ、Ⅱ类区(图 5-21)。Ⅰ类区主要分布于盐城凹陷和东台坳陷沉积区，泥质岩厚度一般大于 400m，且泥质岩质纯、颜色深，属于浅湖、半深湖沉积；Ⅱ类区主要分布在涟阜地区，以浅湖相沉积为主，泥质岩厚度一般为 100～400m；砂质含量相对较高，颜色较杂；Ⅲ类区泥质岩厚度小于 100m，砂岩百分比含量高，这些区域一般为滨湖、浅湖相沉积，埋藏浅，厚度较小，均质性差，多以粉砂质泥岩和含粉砂泥岩为主，主要分布在长江以南地区①。

浦口组盖层是盆地发展进入相对稳定时期形成的一套广湖相沉积，泥质岩及膏盐岩位于该组中、上部，除因隆起剥蚀而无保存的地区外，其余地区均有出露或被钻井所揭示。区域上浦口组厚度总体特征表现为北厚南薄，现今保存状况受晚燕山—喜马拉雅期构造运动改造程度控制，使浦口组凹存凸缺，呈孤立、分散状产出，苏北、苏南浦口组今埋深分别为 1 000～2 500m和 0～300m。浦口组属于大型坳陷湖盆沉积，泥质岩主要发育在浦三段和浦四段，是浦口组湖盆发育到最大规模时的沉积产物，沉积粒度细，泥质含量高，厚度大，表现为滨湖、浅湖—半深湖相和盐湖相沉积，是上古生界良好的区域性盖层。平面上浦口组泥质岩有三个厚

---

① 裴振洪，等. 苏北南黄海中古生界构造演化与勘探目标优选. 中石化勘探开发研究院荆州新区所，2001 年 8 月(内部报告).

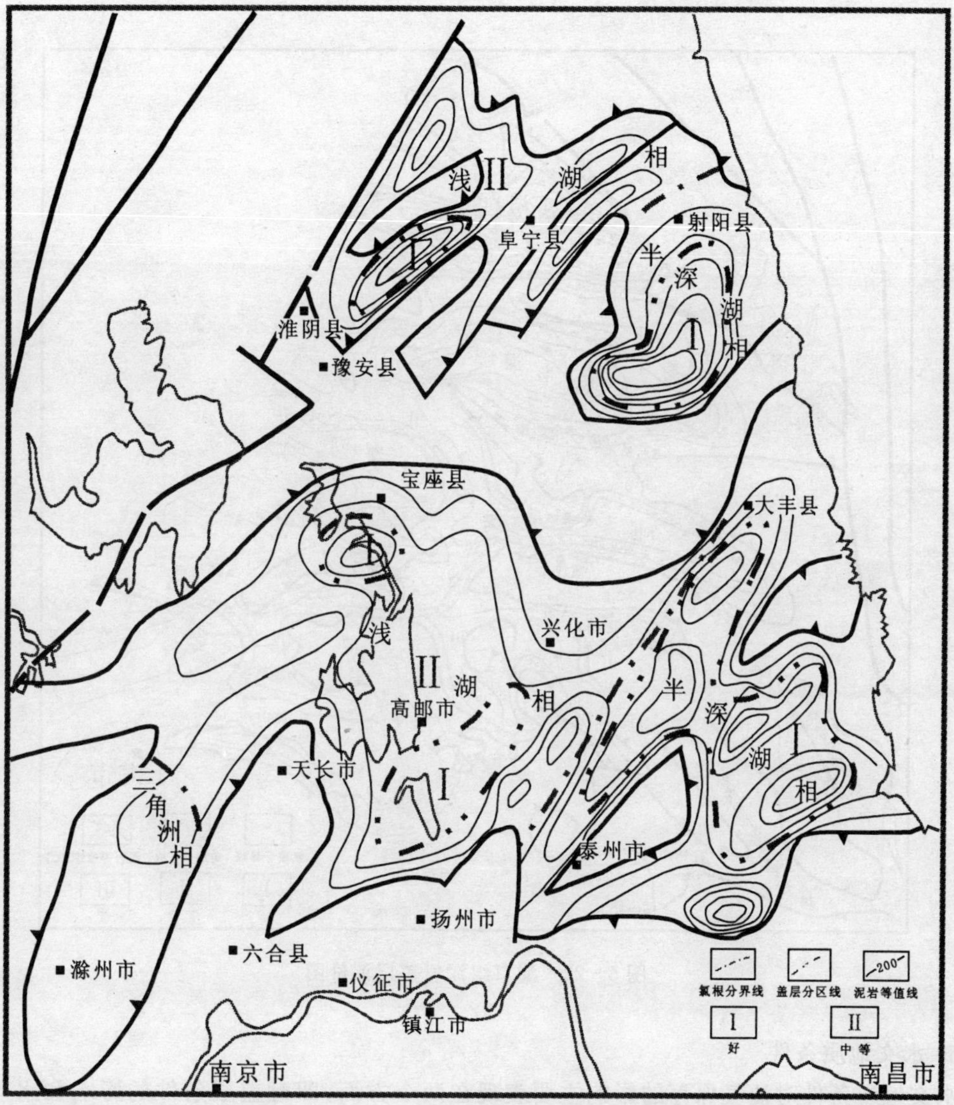

图 5-21　阜二段+阜一段泥岩盖层评价图

度中心，分别为淮安地区、柘垛地区和海安地区，其泥质岩厚度均大于 600m，且泥质岩很纯，砂质夹层薄甚至没有，为本区最好的盖层分布区。淮安地区在浦二段和浦三段发育有厚达千米左右的石膏和盐岩地层，其中尤以淮安地区为佳。根据其岩性、厚度、埋深，结合盖层评价参数和泥质岩沉积特征将本组盖层划分为Ⅰ、Ⅱ、Ⅲ类区（图 5-22）。Ⅰ类区主要分布于淮安凹陷、柘垛地区和海安凹陷沉积区，泥质岩厚度一般大于 500m，且泥质岩质纯、颜色深，盖层评价参数高，其中淮安凹陷属于盐湖相沉积，而海安凹陷和柘垛地区属于半深湖沉积；Ⅱ类区以浅湖相沉积为主，泥质岩厚度一般为 200～500m，砂质含量相对较高，盖层评价参数中等；Ⅲ类区泥质岩厚度小于 200m，砂岩百分比含量高，这些区域一般为砂体较发育的滨湖相沉积。纯泥岩单层厚度较小，砂岩夹层多，且泥质岩以粉砂质泥岩和含粉砂泥岩为主，其突破压力值以及其他评价参数相对较低，此类盖层主要分布在苏南地区[①]。

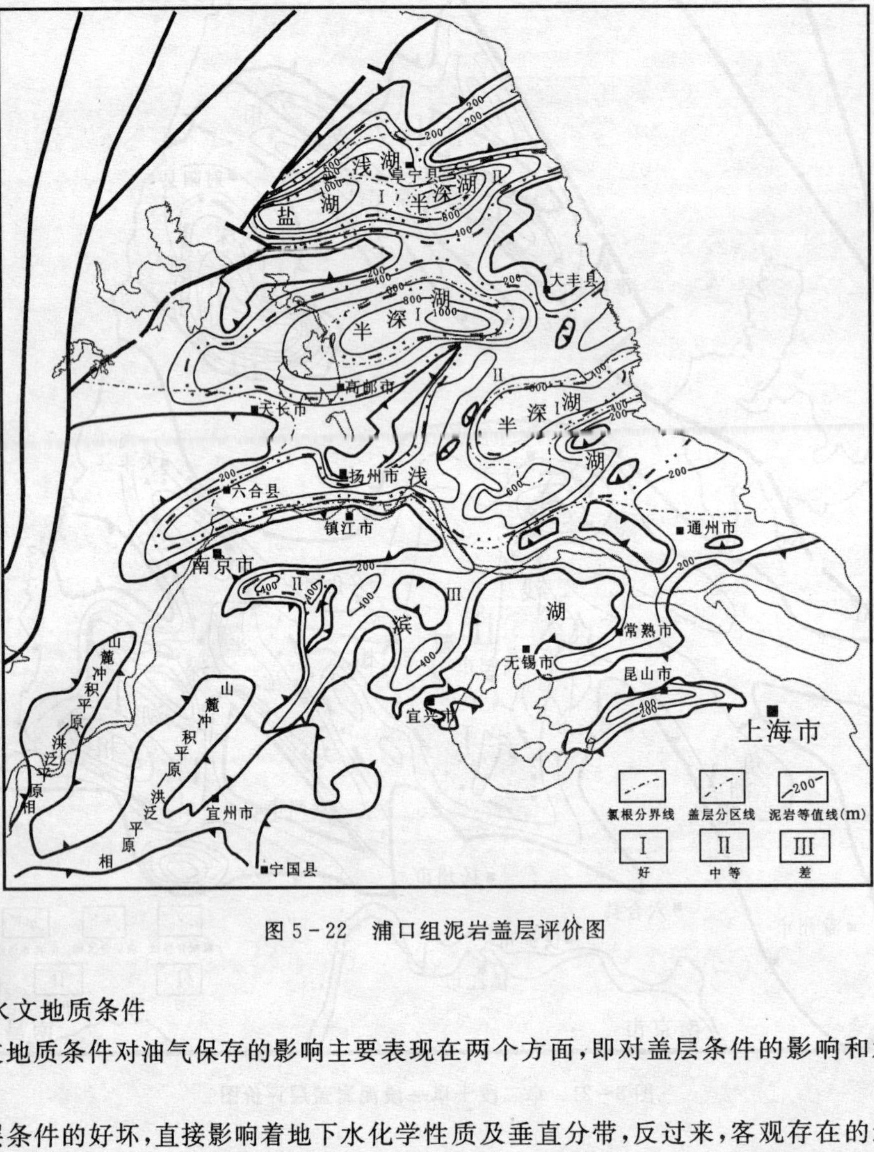

图 5-22 浦口组泥岩盖层评价图

3. 水文地质条件

水文地质条件对油气保存的影响主要表现在两个方面，即对盖层条件的影响和水动力系统。

盖层条件的好坏，直接影响着地下水化学性质及垂直分带，反过来，客观存在的地下水化学特征也可以反映盖层条件。埋深 500m 以下、厚度大于 300m 的泥质岩类盖层，能阻止地下水垂直交替；泥质岩类盖层埋深小于 500m，失去盖层作用；若缺失泥质岩类盖层，碳酸盐岩大面积暴露，渗入水影响较深。因此，对构造保存条件评价应考虑盖层最低埋深要求，即构造顶部出露层位的最低要求。如当阳复向斜内的局部构造轴部保留地层必须在中侏罗统中部以上，沉湖复向斜内局部构造轴部保留地层必须在上侏罗统，才具有良好的保存条件。

(1)中扬子地区水动力系统：中扬子地区存在 4 种水动力系统：①渗入水动力系统。受现今渗入水影响极大，原生沉积水已被淋滤、冲刷，彻底改造，保存条件最差，建始-恩施背斜带、

---

① 陈安定，刘东鹰，黄金明，等. 句容—海安区块现今含油气系统分析和演化过程研究及区带、目标优选. 江苏油田分公司地质科学研究院，2002 年 7 月（内部报告）.

宜都背斜带属此类；②受渗入水影响的沉积承压水动力系统。此系统在不同的地区影响程度不同，保存条件也不同，临近供水区，受渗入水影响大，保存条件差，如石柱复向斜飞三段水动力系统，盐井—卷店地区，在远离供水区，渗入水影响尚未达到的地区，地下水处于封闭状态，如建南气田飞三气藏边水，气藏得以保存；③沉积承压水动力系统。地下水不受今渗入水影响，保存条件最好，如建南气田的长兴组、石炭系两个气藏的边水；④江汉平原前白垩系，当阳、沉湖复向斜水动力系统均为受渗入水影响的沉积承压水动力系统。当阳复向斜南部及沉湖复向斜内，长江以西、彭场以东、乌龙泉逆断层的下降盘以南，牌洲—大沙湖一带，是未受渗入水影响的沉积-封存高矿化度区，其油气保存条件好①。

(2)下扬子地区水动力系统：下扬子地区通过水型和水矿化度同样可以反映水动力系统。$CaCl_2$ 型水反映保存条件最好，Na_2SO_4 型次之，$NaHCO_3$ 型再次之。矿化度越高，表示保存条件越好。在句容—海安地区以“总矿化度低于10g/L、$NaHCO_3$ 水型及水矿化度与埋深关系不密切”等特征衡量“水交替”现象是否存在，发现高邮凹陷西南和金湖凹陷西部属于地表水自由交替区。同样，在黄桥西部(N5 井三叠系地层水矿化度仅 0.35～0.7g/L，与地表水无异)至黄桥气田，以及句容一带(图 5-23)也存在水交替现象。可以看到，这些水交替区正处于长江两岸及洪泽湖的下面，因此，长江和洪泽湖很可能是本区淡水交替源头。

地下淡水一般是由地表径流或地下潜流通过断层、砂层组成的“连通器”不断交替的结果。为此，在“有源”情况下，只要是断层和渗透性砂层发育的地区或层段，水交替就活跃。古生界地层受断层切割厉害，由于岩石脆性程度高，断裂裂隙十分发育，水流畅通，交替相对活跃，因而造成深部地层水淡化，即矿化度与深度的关系没有规律。而第三系，由于高邮凹陷西端与古生界地层相连并靠近长江水源，并在凹陷南部发育真武①号、真武②号两条大断裂，对水的纵向流动起到了沟通作用，同时，广泛发育的渗透性砂层也起到横向连通作用，这样必然造成水交替活跃。

水交替活跃的结果必定是深部地层水淡化，打破正常分布规律。同样的原因，金湖凹陷西部发育一系列南北向断层，并且，建湖隆起西南端地层埋藏浅也容易受到地表淡水影响。只有白垩系地层以岩性致密为特点，特别在远离大断裂的地方，地层内部缺乏水流通道，所以，随埋深加大，水矿化度递增明显，保持了它本身应有的规律。因此，古生界地层只有“远离地下潜流连通区”，并寻求到陆相地层“庇护”才能获得好的保存。高邮凹陷的古生界地层水矿化度比句容、黄桥的要高，原因之一是高邮凹陷的古生界地层之上覆盖了厚厚的新生界塑性地层，二是古生界地层内部断裂主要发育在凸起的上部，到了下部，断层均收拢在“印支面”上。看来，古生界地层自身的保存条件与上覆陆相地层关系较大，当上覆陆相地层厚度超过 2 500m 时，地层水矿化度明显上升，说明保存条件变好。当然，也有个别例外，如图中苏 111 井，处在泰州凸起北部断裂带上，上覆陆相地层(主要是中生界而非新生界)埋深虽已达到 4 000 余米，但仍产出小于 10g/L 淡化地层水。这一方面说明在没有开放性大断裂情况下，一定厚度的陆相地层可以抵御地表淡水的侵害，同时说明当存在开放性断裂时，无论厚度多大的陆相地层可能无济于事。

根据水化学资料对江苏地区作出的保存条件划分如下：盐城凹陷、金湖凹陷东部、高邮凹陷北部、白驹凹陷、海安凹陷均属于水交替阻滞区，即Ⅰ类保存区；金湖凹陷西部、通扬隆起、苏南古生界浅埋区均属于自由水交替区，保存条件较差，属Ⅲ类保存区；两者之间地带属缓慢水

---

① 戴世昭，等. 中扬子地区海相地层油气保存及富集规律研究. 1990 年 6 月(“七五”国家攻关项目报告).

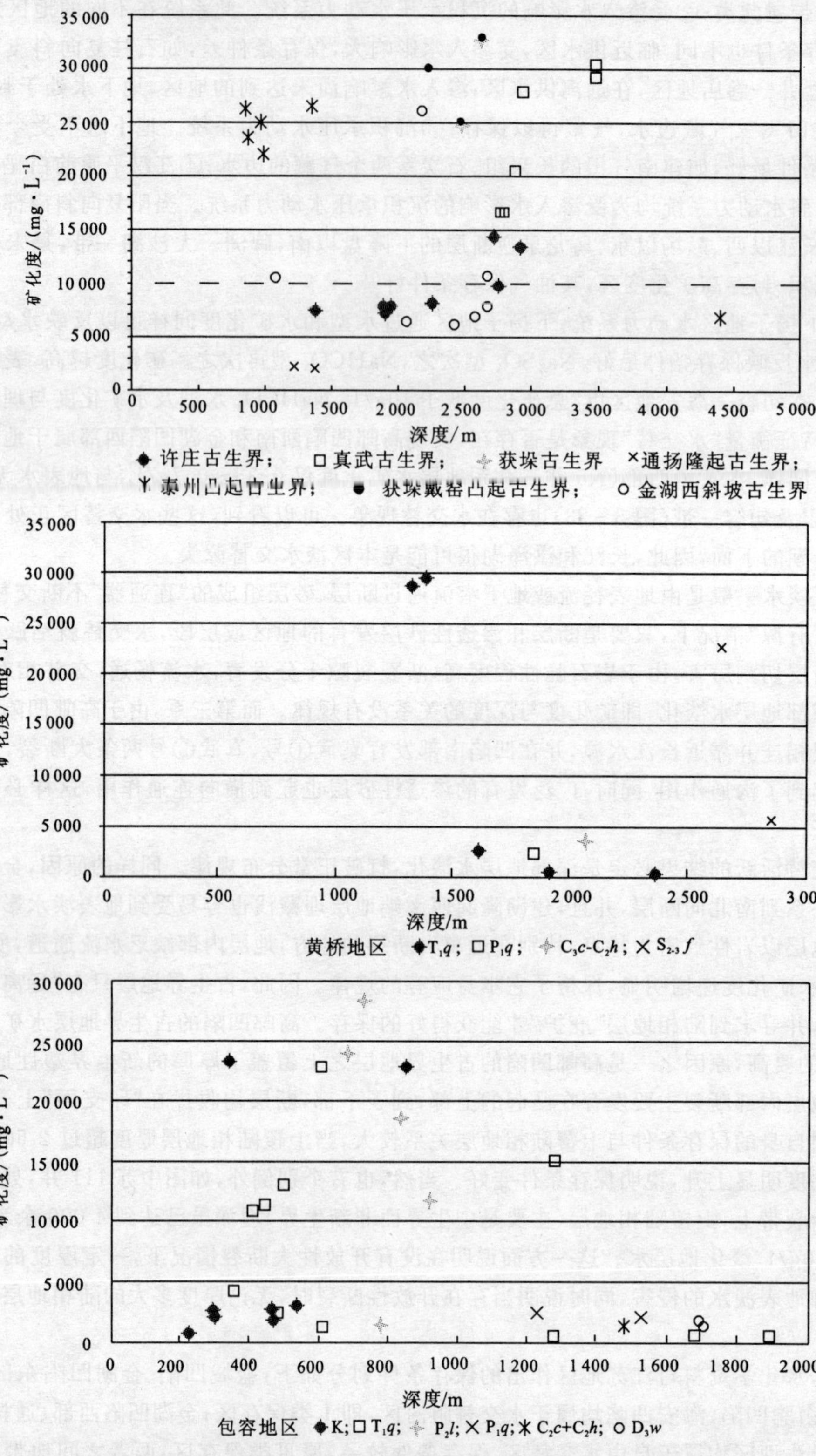

图 5-23　高邮凹陷、黄桥、句容古生界地层水矿化随埋深变化

交替区，为Ⅱ类保存区（图 5－24）。开放性断层主要是真武断裂西段，向东则转为封闭，溱潼凹陷南界断裂的部分地段（东段）可能是开放的。从“远离地下潜流连通区域”和“上覆陆相地层保护”这两点看，都说明苏北盆地内部是苏皖地区保存条件最好的地区。

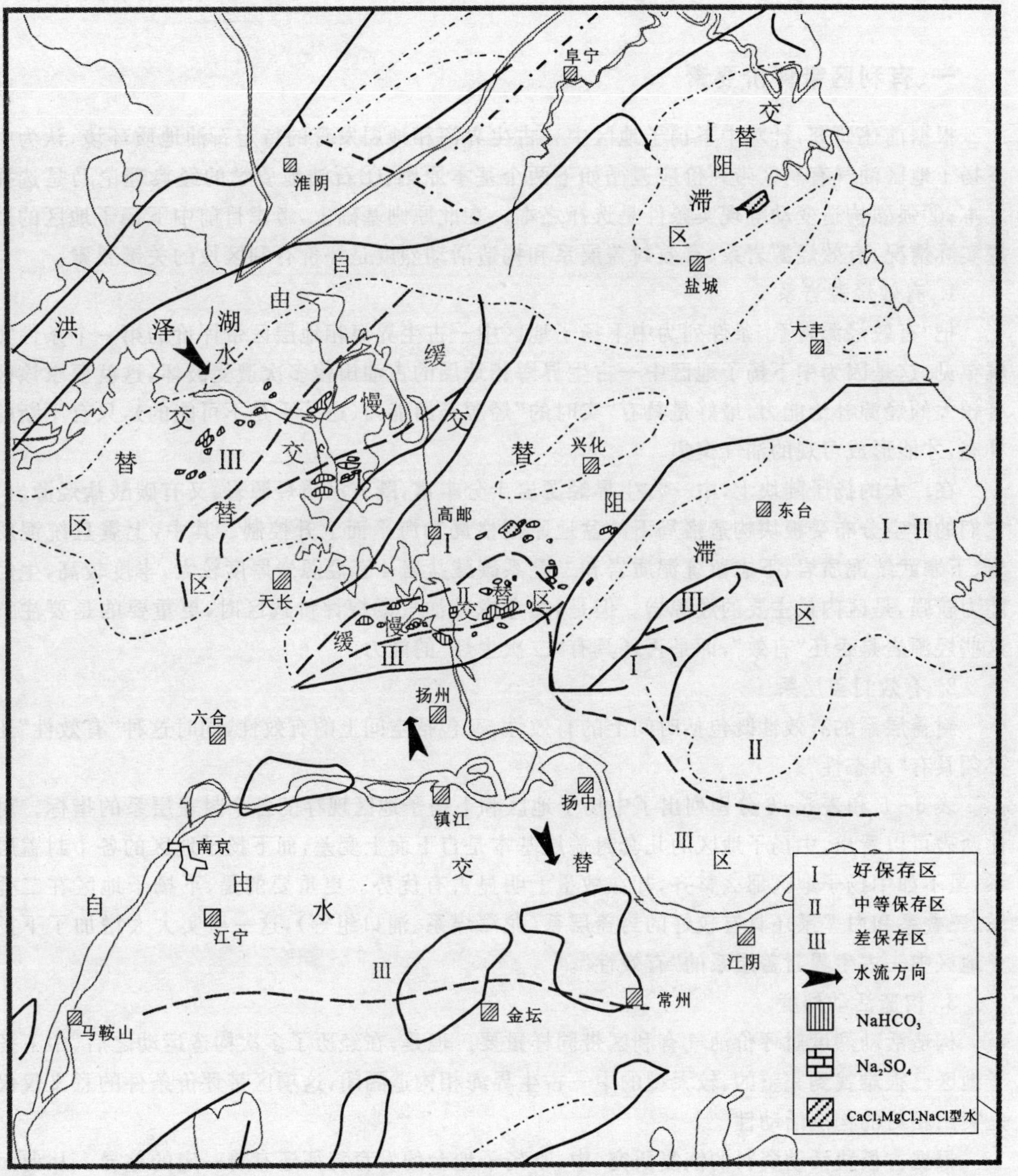

图 5－24　苏皖水化学平面变化图

但应当说明的是，受到地表水入侵的，一般来说保存条件较差，但也存在淡化地层水大背景下形成的局部封闭性“高矿化度、$CaCl_2$ 型水”气田（沥青垫作用），如刘庄气田、黄桥二氧化碳气田。另外，地面水交替一般均沿着高渗透层“走捷径”，即使在水交替的总体背景下，仍有低渗透带或局部密封体可能会保存油气。其他盆地的情况研究表明，存在水交替情况下，油藏可以照常存在，气藏却很难保留①。

第三节　油气有利区带浅析

一、有利区带评价要素

根据前述研究，针对中下扬子地区中—古生界海相地层发育的特定石油地质环境，认为中下扬子地区油气有利区带评价应遵循如下两个基本原则：①石油地质学的经典理论乃是选择之本；②强烈构造变动等现实条件是选择之本。在此原则基础上，考虑目前中下扬子地区的勘探实际情况，有效烃源岩系、有效封盖层系和构造活动烈度是评价有利区块的关键要素。

1. 有效烃源岩系

把"有效烃源岩系"条件列为中下扬子地区中—古生界海相地层区带评价的第一个条件实属罕见，这是因为中下扬子地区中—古生界海相地层的古油田曾多次遭受破坏，这就要求该区有较大的烃源补给能力，最好是具有"实时的"烃源补给能力（这几乎是不可能的），只有不断的补充，才能形成可观的油气聚集。

在广大的扬子陆块上，中—古生界烃源岩十分丰富，既有泥质烃源岩，又有碳酸盐烃源岩，它们的时空分布受板块构造格局下的盆地原型格局和海平面上升控制。其中，上震旦统泥质岩、下寒武统泥质岩、下志留统泥质岩和二叠系碳酸盐岩4套烃源岩厚度较大，丰度较高，生烃能力较强，是区内最主要的烃源岩。但是，在考虑其油气勘探评价选区时，更重要的是要注意这些烃源岩是否还"有效"，即是否还具有"二次生烃"的能力。

2. 有效封盖层系

封盖层系的有效性既包括时间上的有效性，又包括空间上的有效性，同时这种"有效性"还必须具有"动态性"。

表5-5和表5-6分别列出了中扬子地区和下扬子地区现存的各个封盖层系的指标。对比两表可以看出，中扬子地区的几套封盖层基本是自下而上变差，而下扬子地区的各个封盖层系，虽不如中扬子地区那么整齐，却在数量上明显占有优势。更重要的是，下扬子地区在二叠系、三叠系和白垩系还具有较好的封盖层系（龙潭煤系、浦口组等），这一事实大大增加了下扬子地区中—古生界封盖层系的"有效性"。

3. 构造活动烈度

构造活动烈度对评价油气有利区带同样重要。但是，在经历了多次构造运动之后，中下扬子地区已很难找到完整的、较大型的中—古生界海相构造圈闭，这项区带评价条件的意义仅仅是突出相对的构造活动性。

根据古板块活动资料的恢复研究，中、下扬子地台的发育特征还有着一定的差异。从前面有关论述可以看出，地处特提斯地块末梢的下扬子地区普遍具有较强烈的构造运动，而位于特提斯地块中国区核心部位附近的中扬子地区的构造活动则较弱，这给中扬子地区中—古生界海相地层的区带评价提供了一定的依据。

① 陈安定，刘东鹰，黄金明，等. 句容—海安区块现今含油气系统分析和演化过程研究及区带、目标优选. 江苏油田分公司地质科学研究院，2002年7月（内部报告）.

表 5-5　湖北及邻区 4 套区域盖层定性评价表

层位	突破压力 P_A/MPa	中值半径 r_m/nm	封盖高度 H_g/m	遮盖系数 K_f/%	孔隙度 φ/%	级别
K—E	4.85/5	11.79	552.67/3	1 105.33/3	15.21/20	Ⅳ
T_3—J	6.19/7	3.07/3	1 045/3	2 089.67/3	3.03/11	Ⅳ
T_2	7.63/3	6.62/2	787/2	1 573/2	135/4	Ⅳ
S	16.74/19	3.57/14	1 646.21/19	345.07/14	0.52/6	Ⅱ
∈	77.12/6	2.2/5	7 513.33/6	584/6	0.46/5	Ⅰ

表 5-6　苏北地区泥质岩盖层参数表(据马力等,2001)

层位	岩性	厚度/m		孔隙度/%	渗透率/$\times10^{-3}\mu m^2$	突破压力/MPa	中值半径/mm	微孔隙*含量/%	评价级别
		最大单层	累积						
N_1y	泥岩、含砂泥岩	20～70	100～600			10.34～12.2	3.5～2.4	47.1～55.4	Ⅱ—Ⅲ
E_1^2f	砂质泥岩,泥岩		50.5～372.5			11.1～11.28	3.3～3.6	45.6	Ⅱ—Ⅲ
K_2t	泥岩	20～59	15.5～274						Ⅱ
K_2p	泥岩、粉砂质泥岩、含膏含粉砂泥岩	130	74.5～1 597	3.77	10^{-4}～10^{-8}	12.7～19.6	2.0～4.1	50.4～65.3	Ⅰ—Ⅱ
K_1g	泥岩、粉砂质泥岩		0～300			9.76～15.8	2.1～2.5	52.5～71.9	Ⅰ—Ⅲ
J_3x	粉砂质泥岩	122	0～348			13.8	2.1	64.8	Ⅰ—Ⅱ
J_{1+2}	含粉砂泥岩		100～600			10.04～13.17	2.3～5.5	31.9～59.4	Ⅱ—Ⅲ
T_1	泥岩	5～16	15～180			12.8	2.1	62.3	Ⅰ—Ⅱ
P_2d	云质泥岩	25	8.5～58.5			10.5	5.6	35.8	Ⅱ—Ⅲ
P_2l	泥岩	22～65	60～115			15.4	2.3	64.6	Ⅰ
P_1g	泥岩	16～74	16～74			11.7	2.7	55.2	Ⅱ
S_2f	含粉砂泥岩	25	105～205			9.38	5.1	32.5	Ⅲ
S_1g	泥岩	24～130	127～1 357	0.49	10^{-3}～10^{-9}	12.4～15.3	1.8～2.6	53.3～63.4	Ⅰ—Ⅱ
O_3w	泥页岩	16.5	18～214						Ⅱ
$\in_1m$	泥岩	35	1.5～106.5			14.2～21.1	2.0～2.4	54.5～70.9	Ⅰ—Ⅱ

注:* 微孔隙含量是指 0.8～3.2nm 的微孔隙占总孔隙体积的百分数。

二、有利区带评价

从古生界—三叠系发育有 Z_2^2、$\in_1$、O_3—S_1、P_1、P_2、T_1 等 6 套烃源岩,其中,$\in_1$、O_3—S_1烃源岩主要在扬子地块分布,P_1、P_2 在整个华南板块都有分布,为区域性烃源岩,Z_2^2 烃源岩在扬子板块局部分布,T_1 烃源岩除在湘桂地块分布外,还在下扬子地区分布。烃源岩的分布受构造性质,海平面升降旋回和沉积环境的综合控制。

此外,中扬子地区和下扬子地区由于构造演化特征上的差异,其烃源岩的发育特征也有其不同之处，较明显的是石炭纪沉积时期。相比较而言，石炭系烃源岩在下扬子地区发育，而中扬子地区不发育，如苏北地区发育有石炭系下统高骊山组和和州组、中统黄龙组(局部)和上统船山组烃源岩。

据前述研究，针对中下扬子地区中—古生界海相地层发育的特定石油地质环境，中下扬子地区油气有利区带主要分布在以下地区：

1. 下扬子地区的句容西部地区

下扬子地区的句容—海安地区是比较有利的勘探区(尤其是其中西部地区)(图 5-25)，对该区带的总体评价如下：

(1)有效烃源岩系：该区长期处于下扬子陆块的北侧(现部位)斜坡部位上，接受了相对丰富的中、古生界烃源岩(包括泥质烃源岩和碳酸盐烃源岩)，形成了油气富集的基本资源条件。更为重要的是，在漫长的中—古生界海相地层沉积时期，这一地区即保持了一定的埋藏深度，同时又未过分地大幅度沉降，中下扬子地区中—古生界海相地层最重要的烃源岩——寒武系在加里东期的最大埋藏深度多未超过 3 000m(图 5-25)(赵宗举等，2003)，这可以说明其优质烃源岩仍然是“有效的”，即还具有“二次生烃”的能力。

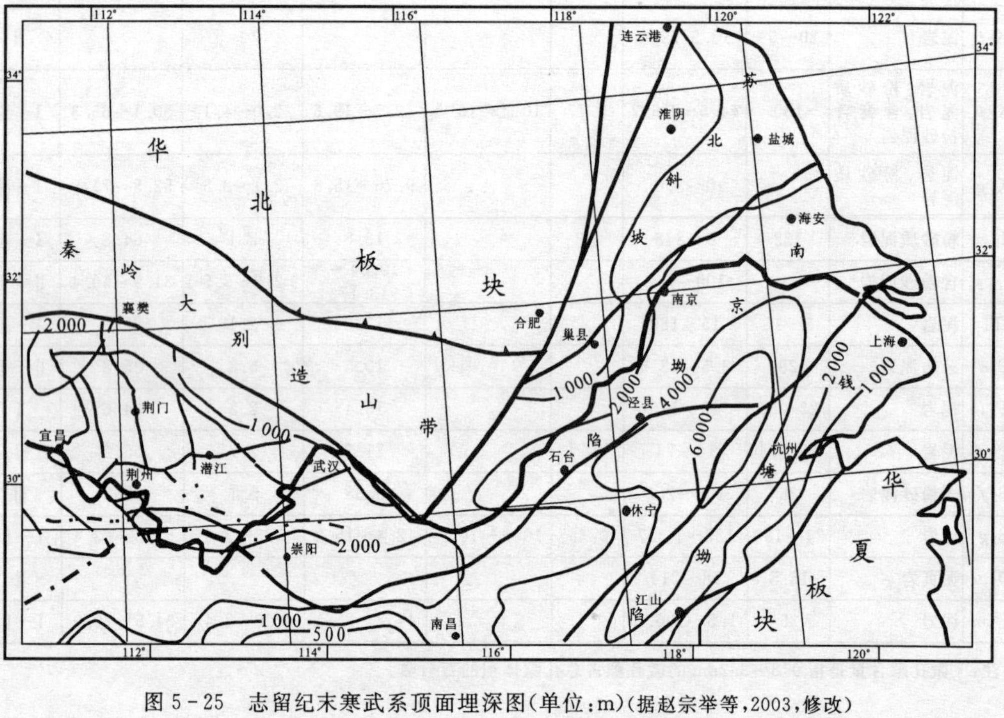

图 5-25　志留纪末寒武系顶面埋深图(单位：m)(据赵宗举等，2003，修改)

(2)有效封盖层系：就表 5-6 列出的下扬子地区现存的各个封盖层系来看，这一地区虽未完全证实其存在。但区域地质条件研究表明：下扬子地区二叠系、三叠系和白垩系等几套最重要的封盖层系(龙潭煤系、浦口组等)，在该区均有一定的发育(至少并未被完全剥蚀)，这一事实大大增加了这一地区中—古生界封盖层系的“有效性”。

(3)构造活动烈度：如前所述，在历次的构造运动之中，该区基本继承性地保持台地斜坡的沉积背景，这充分说明了其构造发育背景的相对稳定性。而更为重要的是，在近期的燕山—喜马拉雅运动中，该区不仅没有强烈的构造运动，而且还有较大幅度的整体沉降，这些都有利于该区油气资源的保存。

在多期的构造运动之后，目前该区还处于一个相对较高的构造部位，就这种构造的高部位，通常是油气运聚的指向区——“低势区”。

2. 中扬子地区的沔阳地区

通过各要素评价，中扬子地区的沉湖—沔阳地区是比较有利的勘探区（图 5 - 25），对该区块的总体评价如下：

(1)有效烃源岩系：与句容—海安地区相似，中扬子地区的沉湖—沔阳地区也是长期处于中扬子陆块的斜坡部位，只是其相对部位更加靠近盆地相的发育区。因此，它更有利于接受相对丰富的中—古生界烃源岩（包括泥质烃源岩和碳酸盐烃源岩）——形成油气富集的基本资源条件。

在漫长的中—古生界海相地层沉积时期，这一地区既保持了一定的埋藏深度，又未过分地大幅度沉降，中下扬子地区中—古生界海相地层最重要的烃源岩——寒武系在加里东期的最大埋藏深度多未超过 2 000m（图 5 - 25）（赵宗举等，2003）。因此，优质烃源岩同样仍然是非常“有效的”，即还具有“二次生烃”的能力。

(2)有效封盖层系：从表 5 - 5 来看，中扬子地区现存的各个封盖层系似乎不及下扬子地区（曹国喜等，1996），尤其是上古生界和中生界的封盖层系发育不够好，这可能是该区几经勘探一直未找到油气有利区带的重要原因。

但区域地质条件研究表明：中扬子地区的中三叠统、侏罗系等封盖层系，在该区均有一定的发育（至少并未被完全剥蚀），更为重要的是白垩系—第三系等最重要的封盖层系（江汉油田形成的基本因素之一）在该区也有一定程度的发育，这一事实大大增加这一地区中—古生界封盖层系的“有效性”。

(3)构造活动烈度：如前所述，在历次的构造运动之中，中扬子地区的沉湖—沔阳地区也基本继承性地保持台地斜坡的沉积背景，这说明了其构造发育背景的相对稳定性。同样，它也具备一个重要条件，即在近期的燕山—喜马拉雅运动中，该区不仅没有强烈的构造运动，而且还有一定幅度的整体沉降，这些都有利于该区油气资源的保存。

该区一直处于一个相对较高的构造部位，目前仅有的少量初步评价资料表明，该区处于一个古流体场或古压力场较为有利的部位。因此，这种长期的构造高部位，通常都是油气运聚的指向区——“低势区”。

中扬子地区碳沥青的赋存形式表明，沥青赋存面貌与构造作用息息相关，尤其是印支、燕山期断裂构造作用控制了裂隙型沥青的分布，孔隙—溶洞型沥青则与滑脱褶皱及构造抬升作用相关。因此，燕山—喜马拉雅期构造运动的强度是一个非常重要的因素。在江汉盆地的南北双向挤压应力场条件下，选择适当远离南北边缘区的部位是明智的。从碳沥青的成因分析来看，中扬子地区下古生界古油藏，普遍都接受了克拉通周边坳陷盆地内下寒武统有效烃源岩提供的油气，这不仅说明地史上斜坡相的下寒武统源岩在特定历史时期曾发挥过主力作用，而且已经明显地往台地运移，使下寒武统烃源岩的有效性得到了充分证实。因此，在选区评价中既要充分考虑下寒武统烃源岩的“有效性”，又要考虑下志留统龙马溪组暗色泥岩的分布情况，同时还要注意在建南气田形成中发挥了重要作用的二叠系和三叠系烃源岩。

结束语

本书以二次生烃机理为理论指导，应用板块构造运动理论、野外地质观察、油气（藏）地球化学和各种分析测试、高演化程度烃源岩评价、成烃演化研究和烃源类型分析等技术方法，全面调研国内外有关二次生烃机理研究文献和应用实例，探讨了二次生烃的条件、特征、生烃机理；比较了二次生烃与连续一次生烃作用的成烃途径，分析二次生烃潜力；根据中国及邻区板块构造运动特征和大量中下扬子构造演化资料并结合在中下扬子地区实地观察的野外地质剖面，特别是在中扬子地区多处发现“古烃源灶”或“古油藏”的事实，研究分析了中下扬子地区主要构造运动的表现特征与烃源岩分布，及其对油气成藏的影响；在野外调查与样品分析基础上，根据高演化程度的特点，选择合适的指标对中下扬子海相烃源岩从有机质丰度、类型、成熟度进行了全面的评价，分析其生烃潜力，分析各主要区块的成烃演化特征；从研究区特点出发，通过研究油气显示的分布特点，分析了中—古生界海相地层成藏条件，包括成藏烃源条件类型、储盖组合研究、保存条件及分析了其油气分布规律，研究了成藏的控制因素等。

中下扬子地区中—古生界经历了加里东和海西—早印支旋回两个阶段的海相被动大陆边缘和克拉通盆地演化，形成了岩性稳定的巨厚中—古生界，发育了6套烃源岩。研究显示其中有4套烃源岩厚度较大，丰度较高，生烃能力较强，是区内最主要的烃源岩；有机碳含量、碳同位素和生物标志化合物是评价中—古生界烃源岩的主要指标；烃源岩的初始成熟度研究是评价高演化烃源岩二次生烃潜力的关键因素；下古生界源岩由于早期热演化生烃在后期的构造运动中难以有效保存，造成油气的散失而“浪费”；上古生界源岩演化程度低，保留生烃潜力，对晚期成藏有较大的贡献；中下扬子地区中—古生界地层成藏以多源补给为主导；构造运动和整体封存条件是油气藏保存的关键控制因素；在构造活动的相对平静区是油气主要富集区域。

最后，将本书最重要的研究成果概要总结如下：

一、二次生烃特征及机理

（1）二次生烃研究现状：二次生烃的模拟实验研究工作20世纪90年代才刚刚起步，近10年来虽然已经对二次生烃的概念、特征及成烃机理有比较系统的研究，但还未形成一套完整的理论，在二次生烃的迟滞性特征和二次生烃量上还存在不同的看法，而真正把二次生烃的机理应用于古生界烃源岩的评价还比较少。

（2）二次生烃的特征：二次生烃与连续一次生烃途径具有明显区别，最显著的差异就是二次生烃作用发生时具有明显的滞后现象，一次生烃后的热演化程度越高，其二次生烃的迟缓现象就越明显。在对烃源岩再次生烃评价，特别是对成烃门限评价时，不能沿用连续一次生烃的评价方法，而应按照符合二次生烃作用的特点进行更切合实际的准确评价，只有第一次热演化程度不太高的烃源岩才具有一定的二次生烃潜力。

（3）二次生烃的机理：烃源岩进入生烃门限后，在一定的温度、时间、压力作用下，富氢组分开始“解聚”，当R_o为0.9%左右时，“解聚”过程基本结束。由于可溶有机质的存在，活化能、生烃温度降低，因而，初次演化至 R_o 为 0.7%～0.9%时，二次生烃峰温将会提前，初次演化至 R_o 为 0.9%～1.3%时，二次生烃峰温将会滞后。二次生烃与成熟度有关，具有一定的阶段性。

(4)二次生烃的潜力：二次生烃量、一次与二次生烃量的总和及其与一次连续生烃总量之间的关系取决于以下两个主要因素：①二次生烃起始成熟度的高低；②二次生烃演化终止成熟度。二次生烃的起始成熟度尚未达到生油高峰阶段，则二次生烃的作用有可能显著提高烃源岩的生烃潜量，并以起始成熟度为 0.9%左右时升高幅度最大。一次生烃终止成熟度与二次生烃终止成熟度之间的差距越大，越有利于提高二次生烃量。

二、构造演化与烃源岩发育

(1)中国及邻区板块构造运动研究表明，由于所处的古老陆块部位的差异，中下扬子地区的盆地基底性质与上扬子地区有着明显的不同，由此造成上覆沉积盖层发育上的较大差异。由于处于特提斯陆块末端(或前端)的中下扬子地台的基底块体稳定性差于上扬子地台(特提斯陆块主体)，使得盆地盖层的构造活动特征产生巨大的差异——中下扬子盖层的剧烈活动—部分盖层的“准基底化”和“地台活化”，上扬子地区则发育了比较典型的地台盖层沉积。

(2)就中下扬子地台盖层沉积的构造发育特征而言，印支期以前的各次构造运动都是比较轻微的，它们没有从根本上破坏原始的地层结构特征。而现今的这种丘陵低山地貌(褶皱造山)，主要形成于印支期以后的各期构造运动，尤其是燕山晚期—喜马拉雅早期的构造运动。也就是说，中、新生代交接的时代是中下扬子地区发生天翻地覆的时期。

(3)中下扬子地区中—古生界经历了加里东和海西—早印支旋回两个阶段的海相被动大陆边缘和克拉通盆地演化，形成了岩性稳定的巨厚中古生界，发育了上震旦统、下寒武统、奥陶系、下志留统、二叠系和下三叠统 6 套烃源岩。其中，上震旦统泥质岩、下寒武统泥质岩、下志留统泥质岩和二叠系碳酸盐岩 4 套烃源岩厚度较大，丰度较高，生烃能力较强，是区内最主要的烃源岩。此外，下扬子地区还另外发育了 1 套石炭系烃源岩，如石炭系下统高骊山组和和州组、中统黄龙组(局部)和上统船山组烃源岩。

(4)扬子地区广泛分布着震旦系—古生界的碳酸盐岩和碎屑岩。碳酸盐岩普遍具有时代老、有机质丰度较低、有机质热演化程度高、油气保存条件差等特征，不适宜直接采用国内已有泥质烃源岩的评价方法，也不能照搬国外较低成熟度碳酸盐岩烃源岩的评价方法。由于可溶有机质的含量较低，唯有有机碳含量、碳同位素和生物标志化合物是评价的主要指标。烃源岩的初始成熟度研究是评价高演化烃源岩二次生烃潜力的关键因素。

(5)中下扬子地区中—古生界海相烃源岩的特征分析表明，下寒武统、下志留统和二叠系有机质丰度较高，下古生界以腐泥型为主，上古生界为混合型和腐殖型，具有较高的生烃潜力。上古生界烃源岩热演化程度较高，进入生烃时间较早，基本在印支期以前进入生油高峰，并进入生气阶段。下古生界烃源岩热演化程度相对较低，多数在印支—燕山期才开始进入生油阶段，燕山期达到生油高峰。此时，由于印支—燕山运动的改造，地层抬升剥蚀，造成生烃减弱，燕山—喜马拉雅期再次沉降地区达到生烃高峰，进入生气阶段。

(6)二次生烃机理的调研和国内外实例表明，在具有多次沉降隆升的复杂构造演化史的盆地中，二次生排烃具有较大的潜力。只是它要求的温度、压力条件更为苛刻。而且，只有在早期生烃中生烃潜力没有耗尽即抬升，使生烃潜力得以保存的情况下才具有二次生烃的潜力。研究结果表明：下古生界源岩早期热演化生烃若没有良好的保存条件，其生成的油气很难得以有效的保存，从而造成油气的散失而“浪费”；上古生界源岩演化程度低，保留生烃潜力，使得晚期继续生烃成藏，这种有效的“保存实力”，对晚期成藏有较大的贡献。

三、烃源类型及成藏特征

(1)实地观察了中下扬子地区的野外地质剖面，特别是在中扬子地区多处发现“古烃源灶”或“古油藏”。这些实地观察资料充分地证实了中下扬子地区过去曾经发生过较大规模的油气生成、运移、聚集事件。

(2)中下扬子地区中—古生界油气显示非常丰富，中—古生界均以碳沥青、轻质油、凝析油、天然气为主，显示了其高演化、古油层蜕变为储层沥青的特征。中扬子地区油气显示以晶洞、裂缝或溶孔充填的沥青为主，目前只有中扬子地区西部有一个建南气藏；下扬子的油气显示类型较丰富，既有固体碳沥青，又有轻质油、凝析油、天然气藏和无机气，而且其分布具有规律性。

(3)中下扬子地区中—古生界油气的来源并非如单 盆地 样来自原始的烃源，而是来源于多种烃源。在印支期处于相对隆起状态，使古生界烃源岩没有进入大量生烃阶段，生烃潜力得以保存，且是原始烃源主要供应者。次生烃源包括次生有机质生烃、裂解水溶气源和非烃气源，以多源补给为主导。

(4)从盖层发育来看，前人多认为中扬子地区更优于下扬子地区。但是，根据野外地质观察，发现下古生界确实如此，而上古生界则不一定具有这种特征。由于“传说”中的三叠系膏盐岩至今未能找到任何实证，下扬子地区由于龙潭煤系的发育，其上古生界盖层的发育甚至会优于中扬子地区。

(5)通过 1 500km 的野外地质路线观察，从一系列的断层活动、地层结构等构造活动现象，证实了中下扬子地区中—古生界海相地层确实发生过较强烈的构造运动，特别是在中下扬子地区周边的地层出露区，地史上曾发生过十分强烈的构造运动，它们对已有的各种油气藏有很大的破坏作用。

(6)在强烈的构造运动背景及古油藏几乎被破坏殆尽的现实条件下，中下扬子地区的烃源岩的“再次”补给能力和区域保存条件将成为控制中下扬子地区油气富集的主要因素。如果无法确切地证实优良区域盖层(如三叠系盐岩)的发育，要想在中下扬子海相沉积寻找一个完整的大型构造——“构造活动平静区”，以供油气钻探是不现实的。但相对而言，从二次生烃的角度来看，中扬子地区以沉降幅度较小的沔阳凹陷为中心的荆沔冲断带最为有利；而下扬子地区则以相对稳定的台地中部较为有利。

主要参考文献

包建平、王铁冠、王金渝等，下扬子地区海相中、古生界有机地球化学，重庆：重庆大学出版社，1996。

曹国喜、罗小平，中扬子区海相油气保存条件初析，石油与天然气地质，1996，17(1)：44～47。

常印佛、董树文、黄德志，论中—下扬子"一盖多底"格局与演化，火山地质与矿产，1996，17(1～2)：1～15。

常印佛、刘湘培、吴言昌，长江中下游铜铁成矿带，北京：地质出版社，1991。

陈宏明、吴祥和、张瑛、李耀西、文琼英等，中国南方石炭纪岩相古地理与成矿作用，北京：地质出版社，1994。

陈丕基，郯庐断裂巨大平移的时代与格局，科学通报，1988，33(4)：289～293。

戴少武，江汉盆地印支期以来区域构造特征探讨，地质力学学报，1996，2(4)：80～84。

戴少武、贺自爱、王律义，中国南方中、古生界油气勘探的思路，石油与天然气地质，2001，22(3)：195～209。

董树文、方景爽、李勇等，下扬子中三叠世—中侏罗世沉积相与印支运动，地质论评，1994，40(2)：111～119。

董树文、何大林、石永红，安徽董岭花岗岩类的构造特征及侵位机制，地质科学，1993，28(1)：10～26。

费琪主编，成油体系分析与模拟(第二版)，北京：高等教育出版社，2001。

冯增昭，碳酸盐岩岩相古地理学，北京：石油工业出版社，1989。

冯增昭、李尚武、杨玉卿等，从岩相古地理论中国南方二叠系油气潜景，石油学报，1997，18(1)：10～16。

冯增昭、杨玉卿、鲍志东等，中国南方石炭纪岩相古地理，北京：地质出版社，1998。

傅昭仁等，变质核杂岩及剥离断层的控矿构造解析，武汉：中国地质大学出版社(武汉)，1992。

宫色、李剑、张英、罗霞，煤的二次生烃机理探讨，石油实验地质，2002，24(6)：541～549。

关德师、王兆云、秦勇、程克明，二次生烃迟滞性定量评价方法及其在渤海湾盆地中的应用，沉积学报，2003，21(3)：533～538。

郭福祥，关于华南东部的印支运动，桂林工学院学报，1998，18(4)：313～322。

郭念发，下扬子盆地与区域地质构造演化特征及油气成藏分析，浙江地质，1996，12(2)：19～27。

郭念发、雷一心，下扬子区中生界油气地质条件评价，石油实验地质，1998，(4)：354～361。

郭念发、尤效忠、刘德法，下扬子区古生界油气地质条件及勘探选区，石油勘探与开发，1998，25(1)：4～7。

郭念发、赵红格、陈红等，下扬子地区海相地层油气赋存条件分析及选区评价，西北大学学报(自然科学版)，2002，32(5)：526～530。

胡书毅、马玉新、田海芹，扬子地区寒武系油气藏地质条件，石油大学学报(自然科学版)，1999，23(4)：20～25。

胡书毅、田海芹，扬子地区二叠系油气地质条件综合研究，现代地质，1999，13(2)：162～168。

胡书毅、文玲、田海芹，扬子地区奥陶纪古地理与石油地质条件，中国海上油气(地质)，2001，15(5)：317～321。

江苏省地质矿产局，江苏省及上海市区域地质志，北京：地质出版社，1984。

姜波、徐嘉炜，一个中生代的拉分盆地——宁芜盆地的形成及演化，地质科学，1989，(4)：314～322。

康义昌，川中古隆起的形成、发展及其油气远景，石油实验地质，1988，10(1)：12～23。

李爱国、汪福勇，渝东石柱地区聚气系统研究，石油勘探与开发，2001，28(6)：20～22。

李国都，金之钧，康托罗维奇，西伯利亚地台尤鲁布钦—托霍莫油气聚集带多期成藏模式探讨，石油勘探与开发，2000，27(4)：87～91。

李曙光、HartSR、郑双根等，中国华北、华南陆块碰撞时代的钐—钕同位素年龄证据，中国科学(B辑)，1989，(3)：312～319。

林鹤鸣、夏邦栋，下扬子区中生代溧水—南陵拉分盆地的厘定，石油与天然气地质，1997，18(4)：276～281。

刘宝珺、许效松、潘杏南等,中国南方古大陆沉积地壳演化与成矿,北京:科学出版社,1993。

刘池洋,盆地动态演化研究的基础:原始盆地恢复——以柴达木盆地为例,见:赵重远、刘池洋、姚远,含油气盆地地质学研究进展,西安:西北大学出版社,1993:26~31。

刘洛夫、王伟华、李术元,干酪根二次生烃热模拟实验研究,沉积学报,1995,13(增刊):147~150。

刘善印、钟大赉、吴根耀,滇西南景谷—镇沅地区早第三纪陆—陆碰撞期走滑挤压盆地,地质科学,1998,33(1):1~8。

刘寿和、夏邦栋,皖南晚元古代火山岩及其构造背景,南京大学学报,1990,(1):43~52。

刘特民,黔中何时隆起:从黔北奥陶、志留纪各期沉积环境演变探讨隆起何时形成,贵州地质,1987,4(1):65~71。

刘育燕、杨巍然、森永速男等,华北、秦岭及扬子陆块的若干古地磁研究结果,地球科学,1993,18(5):635~641。

马长信,关于彭山高挥发分花岗岩底辟穹隆构造及其控矿作用,地质论评,1989,35(2):127~135。

马长信、刘荣贵、吕桂德等,赣东北前震旦纪地质,北京:地质出版社,1992。

马文璞、丘元禧、何丰盛,江南隆起上的下古生界缺失带华南加里东前陆褶冲带的标志,现代地质,1995,9(3):320~324。

梅廉夫、王正元、严金泉、扬振武,中扬子区中、古生界天然气勘探的基本问题及方向,见《成油体系与油藏动力学》——2002年全国成油体系与油藏动力学大会论文选编,武汉:中国地质大学出版社,2003:86~91。

蒲心纯、周浩达、王熙林等,中国南方寒武纪岩相古地理与成矿作用,北京:地质出版社,1993。

秦勇、张有生、朱炎铭、范炳恒、姜波、李田忠,煤中有机质二次生烃迟滞性及其反应动力学机制,地球科学,2000,25(3):278~282。

冉启贵,华北古生界煤岩成烃及二次成烃研究,石油勘探与开发,1995,22(增刊):6~9。

任纪舜,论中国南部的大地构造,地质学报,1990,64(4):275~288。

沈军、汪一鹏、宋方敏等,小江断裂带中段晚新生代构造盆地演化阶段,地震研究,1998,21(1):58~64。

谭筱虹,滇西三江地区新生代构造盆地的特征及形成机理,云南地质,1999,18(2):112~121。

汤达祯,林善园,王激流等,鄂尔多斯盆地东缘晚古生代煤的生烃反应动力学特征,石油实验地质,1999,21(4):328~335。

汤达祯、王激流、张君峰、黄文辉,鄂尔多斯盆地东缘煤的二次生烃作用与煤层气的富集,石油实验地质,2000,22(2):140~145。

汤达帧,王激流,林善园,杨立国,煤二次生烃作用程序热解模拟试验研究,石油实验地质,2000,22(1):9~15。

汪泽成、赵文智、彭红雨,四川盆地复合含油气系统特征,石油勘探与开发,2002,29(2):26~28。

王成善、李祥辉、陈洪德等,中国南方二叠纪海平面变化及升降事件,沉积学报,1999,17(4):536~540。

王立亭、陆彦邦、赵时久、罗晋辉等,中国南方二叠纪岩相古地理与成矿作用,北京:地质出版社,1993。

王立亭、陆彦邦、赵时久等,中国南方二叠纪岩相古地理与成矿作用,北京:地质出版社,1994。

文玲、胡书毅、田海芹,扬子地区志留纪岩相古地理与石油地质条件研究,石油勘探与开发,2002,29(6):11~14。

吴汉宁、常承法、刘椿等,华北和华南块体古生代至中生代古地磁极移曲线与古纬度的分布变化,西北大学学报(自然科学版),1991,21(3):99~105。

吴汉宁、常承法、刘椿等,依据古地磁资料探讨华北和华南块体运动及其对秦岭造山带构造演化的影响,地质科学,1990,(3):201~214。

夏邦栋,下扬子前中生代构造演化,成都理工学院学报,1998,25(2):145~152。

夏文杰、杜森官、徐新煌、毕治国、殷继成等,中国南方震旦纪岩相古地理与成矿作用,北京:地质出版社,1994。

徐备、乔广生,赣东北晚元古代蛇绿岩套 Sm－Nd 同位素年龄及原始构造环境,南京大学学报,1989,(3):108~114。

徐嘉炜、童卫星,论东亚大陆的陆缘弧问题,海洋地质与第四纪地质,1987,7(4):17~28。

徐嘉炜、朱光、吕培基等,郯庐断裂带平移年代学研究的进展,安徽地质,1995,5(1):1～12。
徐师文,下扬子盆地的对冲结构,华东油气勘查,1994,12(2):43～49。
徐政语、林舸,中扬子地区显生宙构造演化及其对油气系统的影响,大地构造与成矿学,2001,25(1):1～8。
殷鸿福,中国的拉丁阶问题,地质评论,1982,28(3):235～239。
曾凡刚,程克明,下古生界海相碳酸盐烃源岩地球化学的研究现状,地质地球化学,1998, 26(3):1～7。
曾凡刚,华北地区下古生界海相碳酸盐岩二次生烃作用机理研究,地质地球化学,1998,26(3):40～46。
曾凡刚,下古生界海相碳酸盐岩的生烃机制与成烃模式研究,地质地球化学,1998(3):79～84。
曾凡刚、陈克明,华北地区下古生界海相碳酸盐岩二次生烃作用范围及生烃潜力研究,地质地球化学,1998,26(3):47～51。
曾允孚、张锦泉、刘文均等,中国南方泥盆纪岩相古地理与成矿作用,北京:地质出版社,1993。
翟光明、宋建国等,板块构造演化与含油气盆地形成和评价,北京:石油工业出版社,2002。
张国伟、于在平、孙勇等,秦岭商丹断裂边界地质体基本特征及其演化,张国伟等,秦岭造山带的形成及其演化,西安:西北大学出版社,1988。
张厚福、张万选,石油地质学(第二版),北京:石油工业出版社,1989,235～237。
张书元、武智平,雪峰隆起带的大地构造特征,海相沉积区油气地质,1987,1(2): 57～66。
张文荣、熊洁明,中扬子地区"对冲"逆掩推覆构造的成因、展布及含油气地质条件,见:石宝珩、周坤、关德范等,扬子海相地质与油气,北京:石油工业出版社,1993: 30～46。
张永鸿,下扬子区构造演化中的黄桥转化事件与中、古生界油气勘探方向,石油与天然气地质,1991,12(4):38～42。
张有生、秦勇、刘焕杰、朱炎铭、姜波、范炳恒,沉积有机质二次生烃热模拟实验研究,地球化学,2002,31(3):273～282。
赵风清、金文山、甘晓春,江绍断裂两侧早元古代变质基底特征及形成的构造环境,安徽地质,1994,4(1～2):73～81。
赵宗举、李大成、朱琰等,合肥盆地构造演化及油气系统分析,石油勘探与开发,2001,28(4): 8～13。
赵宗举、俞广、朱琰等,中国南方大地构造演化及其对油气的控制,成都理工大学学报(自然科学版),2003,30(2):155～167。
钟宁宁、张枝焕,石油地球化学进展(六),北京:石油工业出版社,1998。
周建波、胡克、申宁华等,郯庐断裂中段石场—中楼拉分盆地的确定,地质科学,1999,34(1): 18～28。
周名魁、王汝植、李志明等,中国南方奥陶纪—志留纪岩相古地理与成矿作用,北京:地质出版社,1993。
周新民等,安徽歙县伏川蛇绿岩套的 Sm－Nd 等时线年龄及其地质意义,科学通报,1989,(16): 1243～1245。
周雁,湘鄂地区钻探效果分析及勘探方向,石油勘探与开发,1999,26(1):36～39。
周雁、王成善、陈洪德,中扬子区海相沉积盆地性质研究,地质科技情报,2002,21(2):13～18。
周雁、王成善、陈洪德等,中扬子区海相地层油气成藏有利区层序样式分析,沉积与特提斯地质, 2002,22(1):22～29。
朱光、徐嘉炜、刘国生等,下扬子地区沿江前陆盆地形成的构造控制,地质论评,1998,44(2): 120～129。
朱光、徐嘉炜、孙世群,郯庐断裂带平移时代的同位素年龄证据,地质论评,1995,41(5): 452～456。
邹艳荣、杨起、刘大锰,华北晚古生代煤二次生烃的动力学模式,地球科学,1999,24(2):189～192。
左文超,论印支运动在湖北境内表现特点——兼论省内盖层褶皱形成主要时期,湖北地矿,2000,14(3、4): 16～22。
Crowell JG, Origin of Late Cenozic basins Southern California[A], In: Dickson W R, Tectonics and Sedimention [C], Spec. Publ Soc. Econ. Paleont. Miner. Tulsa, 1974. 22:190～204。
Dickison W R, Plate tectonic evolution of sedimentary basin in plate tectonics and hydrocarbon aumulation. AAPG, Continuing Education Course Note Series, 1976, (1) :1～56。
Liu Luofu, Wang Weihua and Li Shuyuan , Investigation on secondary generation of hydrocarbon by thermal

modelling of kerogen , Acta Sedimentologica ,1995, 13 (Suppl):147～150。

Pelletier B, Stephan J F, Middle Miocene obduction and late Miocene beginning of collision registered in the Hengchun Peninsula: Gwodynamic implications for the evolution of Taiwan, Tectonophysics, 1986, 125: 133～160。

Qin Yong , Zhang Yousheng , Zhu Yanming , Fan Bingheng , Jiang Bo and Li Tianzhong , Lagging and reaction kinetic mechanism of hydrocarbon regeneration from organic matters in coal , Earth Science , 2000, 25(3):278～282。

Roiald B C、Ridway K D, The influence of volcanism on fluvial depositional system in a Cenozonic strike - slip basin, Denali fault syetem, Yukon Territory, Canada, Journal of Sedimentary Petrology, 1993, 63(1): 152～166。

Teng L S, Geotectonic evolution of late Cenozoic arc - continent collision in Taiwan, Tectonophysics, 1990, 183: 57～76。

Xu J W, The Tancheng - Lujiang Wrench Fault System, John Wiley & Sons Ltd . ,1993。

Zou Yanrong , Yang Qi and Liu Dameng , Kinetic model of hydrocarbon regeneration from Late Palaeozoic coal , North China , Earth Science , 2000, 23(2):189～192。